Raju Basak
Arabinda Das
Debabrata Roy

Projeto de um transformador trifásico de 3 enrolamentos: Uma abordagem de otimização

Raju Basak
Arabinda Das
Debabrata Roy

Projeto de um transformador trifásico de 3 enrolamentos: Uma abordagem de otimização

ScienciaScripts

Imprint
Any brand names and product names mentioned in this book are subject to trademark, brand or patent protection and are trademarks or registered trademarks of their respective holders. The use of brand names, product names, common names, trade names, product descriptions etc. even without a particular marking in this work is in no way to be construed to mean that such names may be regarded as unrestricted in respect of trademark and brand protection legislation and could thus be used by anyone.

Cover image: www.ingimage.com

This book is a translation from the original published under ISBN 978-620-8-01034-8.

Publisher:
Sciencia Scripts
is a trademark of
Dodo Books Indian Ocean Ltd. and OmniScriptum S.R.L publishing group

120 High Road, East Finchley, London, N2 9ED, United Kingdom
Str. Armeneasca 28/1, office 1, Chisinau MD-2012, Republic of Moldova, Europe
Printed at: see last page
ISBN: 978-620-8-10695-9

Projeto de um transformador trifásico de 3 enrolamentos: Uma abordagem de otimização

Dr. Raju Basak	Dr. Arabinda Das	Dr. Debabrata Roy
Professor, Departamento de Engenharia Eléctrica Universidade Techno India, Calcutá basak.raju@yahoo.com	Professor, Departamento de Engenharia Eléctrica Universidade de Jadavpur, Calcutá adas_ee_ju@yahoo.com	Docente, Departamento de Engenharia Eléctrica Escola de Engenharia de Dumka (criada pelo Governo de Jharkhand e gerida pela Techno India em regime de PPP) debabrataroy1985@gmail.com

PREFÁCIO

Os transformadores trifásicos do tipo núcleo são um dos equipamentos mais importantes e são maioritariamente utilizados como transformadores de potência em várias aplicações. Estes transformadores estão equipados com um terceiro enrolamento para alimentar os auxiliares da estação e por outras razões, que é designado por enrolamento terciário. O custo destes transformadores é uma proporção considerável do custo total do sistema em que são utilizados. Foram já desenvolvidas várias metodologias para otimizar a conceção do custo do transformador. No entanto, neste livro é apresentado um método simplificado para otimizar o processo de conceção na presença de restrições especificadas pelo cliente e pelas autoridades reguladoras, através de uma pesquisa exaustiva utilizando loops aninhados. O método parece ser o melhor atualmente, considerando a enorme velocidade dos computadores. O livro apresenta um estudo de caso baseado neste método, que é apresentado no final. A conceção óptima de transformadores trifásicos de 3 enrolamentos foi feita utilizando dois métodos e o custo de produção foi tomado como função objetivo com base em duas variáveis-chave. A pesquisa exaustiva e a pesquisa de gradiente sequencial são utilizadas para atingir o objetivo.

This Book is dedicated to

my

Beloved Parents

My daughter and the Almighty

Who has been a source

of

Inspiration

Throughout my life

CONTEÚDO

1. Introdução

No passado, o projeto de engenharia era conduzido numa base empírica, contando com a experiência do projetista. Eventualmente, foram criadas várias ferramentas analíticas, que os engenheiros começaram a aplicar a vários desafios de projeto. Esta metodologia envolve uma interação complexa de inúmeras variáveis, restrições e cálculos detalhados. Conseguir uma solução prática através de cálculos manuais, especialmente com a ajuda de uma calculadora, é um esforço que consome uma quantidade significativa de tempo. Isto deve-se em grande parte ao facto de serem necessárias várias iterações de cálculos para encontrar a melhor solução. Como resultado, os computadores são utilizados para resolver problemas de design. Existem quatro estratégias diferentes para resolver um problema de design, especificamente...

Conceção analítica: Nesta abordagem, o projetista seleciona os valores das variáveis de projeto com base na sua experiência acumulada. Após a seleção destes valores, as dimensões do equipamento são determinadas de forma incremental, culminando no cálculo das variáveis de desempenho. Se este processo não produzir uma solução viável ou aceitável, o projetista ajustará adequadamente os valores das variáveis de conceção e iniciará o processo de novo. Neste método, não há feedback da saída para modificar a entrada, o que é uma desvantagem inerente, mas o método é simples e direto. Não requer uma programação hábil.

Conceção sintética: Esta metodologia define as variáveis de desempenho. O próprio programa adapta as variáveis de conceção para se aproximar do objetivo. Assim, este método exige uma capacidade de programação mais hábil...

Conceção óptima: Esta técnica implica a otimização de uma função objetivo cuidadosamente escolhida, quer através da sua minimização quer da sua maximização, no contexto de um conjunto definido de restrições de igualdade e desigualdade. Através da utilização de circuitos de programação adequados, a solução óptima é alcançada, assegurando que nenhuma das restrições é violada. Este método só pode ser utilizado com sucesso por um programador experiente com conhecimentos matemáticos alargados.

Conceção normalizada: Esta estratégia é adoptada para garantir um desempenho económico ótimo na produção em massa. A normalização dos componentes, incluindo as estampagens e as dimensões dos quadros, é aplicada a uma gama de produtos normalizados de produção em massa. A unidade de fabrico tem a opção de normalizar e produzir ela própria estes componentes ou de os adquirir diretamente no mercado, consoante a abordagem mais rentável. São adoptadas técnicas matemáticas como a programação linear e não linear, a programação dinâmica, etc., para chegar à solução óptima.

Em geral, as questões relacionadas com o projeto de equipamentos eléctricos são frequentemente enquadradas como problemas de otimização com restrições não lineares. As soluções podem ser obtidas de forma direta ou indireta. Os métodos de pesquisa heurística, de aproximação das restrições, de direção viável e de projeção do gradiente são métodos diretos. O método da transformação consiste em eliminar as restrições, sendo os métodos da função de penalização interior e exterior classificados como técnicas indirectas.

2. Aplicação da otimização ao projeto de engenharia

A ciência ocupa-se do mundo fenomenal - baseia-se em conceitos. Mas a engenharia e a tecnologia são a sua aplicação prática. A sua base é concetual-percetual. Ao fazer uma investigação científica, por exemplo, sobre a formação e a composição da superfície lunar através dos esquemas Apollo, ou sobre os estados quânticos das partículas subatómicas, o custo não é uma consideração importante. O que nos preocupa é o resultado - que deve ser correto e obtido sem qualquer ambiguidade. Mas a engenharia e a tecnologia estão intimamente associadas ao mundo comercial. O custo é uma consideração importante para esses projectos. Têm de ser concebidos para um custo mínimo (ou, nalguns casos, para uma produção máxima), com determinadas restrições. Além disso, algumas das variáveis de desempenho, por exemplo, a eficiência ou a regulação da tensão, podem ter de ser optimizadas (maximizadas ou minimizadas) sujeitas a determinadas restrições.

A função que tem de ser optimizada é conhecida como função objetivo ou função de custo. As restrições surgem de limitações decorrentes das propriedades do material (por exemplo, um determinado tipo de ferro pode ser carregado até uma certa densidade máxima de fluxo) ou de limitações de espaço (o volume/área das superfícies deve estar dentro de um certo limite máximo) ou de custos específicos (embora o cobre seja melhor como material condutor, o alumínio pode ter de ser utilizado para reduzir o custo global).

2.1 Formulação do problema

O método anterior consistia em comparar um certo número de projectos viáveis e escolher o melhor de entre eles. Nessa altura, ou as ferramentas de otimização não estavam ao nosso alcance ou não era viável utilizá-las. Com o advento do computador digital de ação rápida, com uma enorme memória e linguagens de programação que podem ser utilizadas para realizar qualquer algoritmo, a situação mudou radicalmente. Agora, as variáveis de conceção podem ser alteradas para assumir qualquer valor dentro dos seus limites, podem ser efectuados rapidamente vários cálculos de conceção e os resultados podem ser armazenados. O programa torna-se capaz de encontrar a melhor solução. O procedimento geral para a formulação de um projeto ótimo é apresentado a seguir sob a forma de algoritmo:

a) Especificar a necessidade de otimização.
b) Selecionar as variáveis de conceção.
c) Identificar as principais variáveis que afectam em grande medida a função de custo.
d) Formular as restrições - igualdade e desigualdade.
e) Formular a função objetivo - pode ser para otimização dupla ou múltipla.
f) Definir os limites das variáveis.
g) Escolha um algoritmo de otimização adequado.
h) Obter a solução.

(Interagir entre as etapas se e quando necessário).

2. 2Variáveis de conceção

Existem muitas variáveis num problema de conceção. Devem ser identificadas em primeiro lugar, com referência à função objetivo. Por exemplo, a relação comprimento/altura dos pólos afecta a função de custo de um motor de indução. A f.m.e. induzida por volta afecta a função de custo de um transformador. Estas são, portanto, variáveis de projeto. Algumas das variáveis de projeto podem ser continuamente variáveis, algumas delas podem assumir apenas alguns valores discretos - podem ser números inteiros. O número de ranhuras do estator/rotor num motor de indução ou o número de bobinas H.V. num transformador são obviamente variáveis inteiras. O rácio entre o número de ranhuras do estator e do rotor só pode assumir valores discretos. Algumas das variáveis de projeto podem ser variáveis de decisão, por exemplo, se deve ser utilizado cobre ou alumínio como material condutor, se devem ser utilizadas peças estampadas laminadas a quente ou a frio para fabricar o núcleo, etc. A existência de torneiras no enrolamento para ajustar o rácio de espiras é uma variável lógica.

Nem todas as variáveis de conceção afectam igualmente a função de custo. Os elementos que afectam consideravelmente a função de custo são conhecidos como variáveis-chave. É crucial reconhecer primeiro estas variáveis-chave. Após a sua identificação, a procura da solução óptima é realizada através da variação destas variáveis dentro das suas restrições definidas. A ferramenta de otimização específica a utilizar depende da escolha do projetista.

2. 3Condicionalismos de conceção

A otimização pode ser feita sem a presença de quaisquer restrições ou limitações. Este tipo de solução é designado por otimização sem restrições. Na maioria dos problemas de engenharia, existem certas restrições ou limitações - a solução tem de estar em conformidade com elas. Por exemplo, o rendimento a plena carga de um motor de corrente alternada ou o seu fator de potência de funcionamento podem ser colocados como restrições pelo cliente ou pela autoridade reguladora. A regulação da tensão de um transformador de distribuição é outro exemplo - tem de ser mantida dentro de um determinado limite. Do mesmo modo, a corrente de magnetização por ele consumida deve ser limitada.

Os condicionalismos podem ser de igualdade ou de desigualdade. No primeiro parágrafo, foram citados exemplos de desigualdades. Nalguns casos, pode haver também restrições de igualdade - deve haver uma correspondência com um valor de recurso. Por exemplo, para projetar um motor de indução utilizando uma laminação padrão, o número de ranhuras e o tamanho das ranhuras devem ser iguais aos fornecidos na laminação. Variáveis como a densidade do fluxo e a densidade da corrente têm de ser corretamente ajustadas para se conformarem com esta igualdade. O mesmo se aplica aos pequenos transformadores fabricados com peças estampadas normalizadas.

Em muitos casos, pode não haver uma equação explícita para os condicionalismos, mas o algoritmo deve ter em conta esses condicionalismos. Deve garantir que, ao atingir a solução óptima, as restrições dadas não foram violadas.

2. 4Função objetiva

O passo seguinte envolve a formulação da função objetivo ou de custo. Uma função objetivo frequentemente utilizada é o custo de produção associado a um produto de engenharia. Este tem de ser minimizado, sujeito a determinadas restrições. O custo de produção pode ser quantificado em termos de equações baseadas em dados fornecidos ou pode ser obtido de outra forma. Para muitos problemas de engenharia, não é possível obter uma equação de forma fechada para a função de custo devido a várias não-linearidades, por exemplo, a saturação do núcleo. A perda de ferro e a corrente de magnetização dependem da saturação - podem ser tidas em conta aproximando o comportamento com equações de correspondência. Durante os cálculos, os números inteiros mais próximos devem substituir as variáveis reais, por exemplo, o número de voltas do enrolamento, o número de lados da bobina numa ranhura, etc. Para evitar estas dificuldades na formulação da função objetivo, alguns projectistas preferem utilizar uma sub-rotina incorporada para calcular a função de custo enquanto as variáveis de projeto variam de acordo com uma técnica de otimização escolhida.

Em muitos casos, o custo de produção pode não ser a função objetivo, pelo que é preferível procurar a melhor eficiência possível ou uma combinação da melhor eficiência possível e do fator de potência para um motor de indução em gaiola de esquilo sob determinadas restrições. O segundo é um caso de otimização dupla. A fim de conceber um sistema de transmissão para perdas óhmicas mínimas possíveis em determinadas condições de carga, a otimização dupla pode ter por objetivo reduzir as perdas activas e reactivas para os seus valores mínimos possíveis, ajustando os parâmetros do sistema. Em alguns casos, o objetivo pode ser a realização de uma conceção compacta. O espaço requerido por um equipamento elétrico pode ter de ser minimizado ou o seu peso.

As tarefas de otimização apresentam tipicamente duas possibilidades distintas: a função objetivo pode ser minimizada ou maximizada. No contexto de um sistema de rede, o foco deve ser a minimização das perdas totais activas e reactivas. Além disso, é crucial reduzir os custos de produção. Por outro lado, a maximização da eficiência do equipamento elétrico e da rentabilidade dos produtos fabricados é igualmente importante, pois tanto a minimização como a maximização estão incluídas na palavra otimização.

2.5 Limites das variáveis de conceção

As variáveis de projeto são limitadas, quer de um lado, quer de ambos. Tal pode dever-se a restrições materiais. Por exemplo, a densidade de fluxo máxima admissível do núcleo de aço laminado a frio de grão orientado (CRGOS) deve ser limitada a um valor máximo de 1,75 Tesla para os grandes transformadores de potência e a cerca de 1,6 Tesla para os mais pequenos. A densidade máxima de corrente admissível nos condutores de cobre, os aumentos de temperatura do óleo no depósito, etc., devem ser limitados de forma semelhante. Para a densidade de fluxo ou densidade de corrente, devem também ser impostos limites mais baixos, caso contrário, o custo global de produção será proibitivamente elevado. Do mesmo modo, o ampere condutor/m num motor, a velocidade periférica do rotor, etc., têm de ser limitados.

Os limites variam consoante o tipo de máquina e a sua dimensão. O ampere condutor/m para um alternador de grandes dimensões pode ser superior a 100000, enquanto que para um motor de indução de média dimensão deve ser inferior a 40000. Para um transformador de potência de grandes dimensões, a densidade de fluxo (com núcleo CRGOS) pode atingir 1,75-1,8 Tesla, não devendo ultrapassar 1,6 Tesla para os transformadores de potência de menor potência.

2. 6Algoritmo de otimização

A formulação de um problema de otimização de engenharia depende do caso específico. Pode diferir de problema para problema. Algumas funções objetivo são lineares, noutras existem termos não lineares. Em alguns problemas, a função objetivo não é uma função explícita das variáveis de conceção. Na maior parte dos problemas de conceção, estas duas caraterísticas aparecem. O cálculo conducente à otimização pode ser feito convenientemente para estes problemas, determinando a função objetivo através de uma sub-rotina que abranja as não-linearidades.

Os algoritmos de otimização podem ser classificados em:

- Otimização de uma única variável - Esta é a mais simples de todas. Pode ser uma pesquisa direta ou uma pesquisa baseada no gradiente. As derivadas não são utilizadas na pesquisa direta, mas são necessárias para a pesquisa com gradiente. A maior parte dos problemas de otimização em engenharia são multivariáveis, mas o método de pesquisa unidirecional pode ser utilizado como componente da pesquisa multivariável.

- Otimização multivariável - Estes métodos também se dividem em pesquisa direta e método baseado em gradientes. Nem todas as variáveis são escolhidas para formar a função objetivo. O algoritmo pode ser formado de tal forma que seja uma sequência de pesquisas unidireccionais efectuadas uma após a outra. O ótimo é facilmente atingido desde que a hiper-superfície das variáveis-chave seja convexa ou côncava, conforme o caso.
- Otimização condicionada - Em muitos problemas de conceção, existem algumas restrições ou limitações que têm de ser satisfeitas. O algoritmo deve ser construído de forma a que a solução seja obtida apenas na região viável.
- Otimização especializada e não tradicional - Existem alguns tipos especiais de algoritmos utilizados na conceção de engenharia, por exemplo, programação geométrica, programação inteira, etc. Recentemente, desenvolveram-se novos métodos baseados na computação suave, como a rede neural artificial, a lógica difusa, o recozimento simulado, o algoritmo genético, etc. Estes métodos são designados por métodos não tradicionais e são frequentemente utilizados quando prevalece a incerteza e não é possível desenvolver uma expressão matemática para a função objetivo.

2.7 Otimização de uma variável

O problema é do tipo seguinte:

Encontrar o máximo ou o mínimo de uma função f(x), em que x é uma quantidade real.

Existem três tipos diferentes de pontos óptimos, a saber

Ponto ótimo local - Um ponto é designado por ótimo local se não existir um ponto melhor na sua vizinhança.

Ponto ótimo global - Um ponto é classificado como ótimo global se não for possível encontrar um ponto mais favorável em qualquer lugar dentro de todo o espaço de pesquisa estabelecido pelos limites das variáveis de conceção.

Ponto de inflexão - Diz-se que um ponto é um ponto de inflexão se o valor da função aumenta localmente à medida que x aumenta e diminui localmente à medida que x diminui ou vice-versa.

2.7.1 Métodos de fixação

Na análise por parêntesis, é efectuada uma pesquisa em duas fases. Na primeira fase, é utilizada uma técnica grosseira para encontrar os limites superior e inferior dos mínimos (ou máximos). Na segunda fase, é utilizado um método sofisticado para encontrar os mínimos (ou máximos) com a precisão necessária.

A) Pesquisa exaustiva

É o método mais simples. É um método de parêntesis em que n pontos são igualmente espaçados entre os limites superior e inferior, b e a. Numa versão, a função é avaliada em cada ponto e o mínimo (ou máximo) é considerado o ótimo. Este método tem sido frequentemente utilizado neste trabalho, desde que o número de soluções seja pequeno e a pesquisa exaustiva não demore muito tempo. Numa abordagem alternativa, são avaliados três valores sucessivos da função sob a premissa da unimodalidade. Dependendo dos resultados obtidos, o processo pode ser concluído ou prosseguir substituindo o ponto inicial pelo ponto subsequente da sequência. A precisão do método aumenta se o número de pontos for aumentado.

B) Fase de delimitação

Isto é aplicável apenas a funções unimodais. Começa com uma estimativa inicial. Em seguida, a direção de pesquisa é encontrada avaliando a função em dois pontos próximos do ponto inicial ($x(0) \pm \Delta$). Se Δ for grande, a precisão da aproximação é fraca, mas a convergência é mais rápida. Em seguida, é implementada uma técnica de pesquisa exponencial para descobrir os resultados óptimos. O método é menos moroso do que a pesquisa exaustiva.

2.7. 2Método de eliminação de regiões

Após a definição do mínimo, é necessário um algoritmo mais complexo para o encontrar com exatidão. Isto pode ser feito através do método de eliminação de regiões. Existem três métodos deste tipo, a saber

Método de redução do intervalo para metade

Esta abordagem envolve a avaliação da função em três pontos igualmente espaçados dentro do intervalo (a, b), dividindo efetivamente o espaço de pesquisa em quatro regiões distintas. Ao comparar os valores da função dois de cada vez, é possível eliminar uma região com base no resultado dessas comparações.

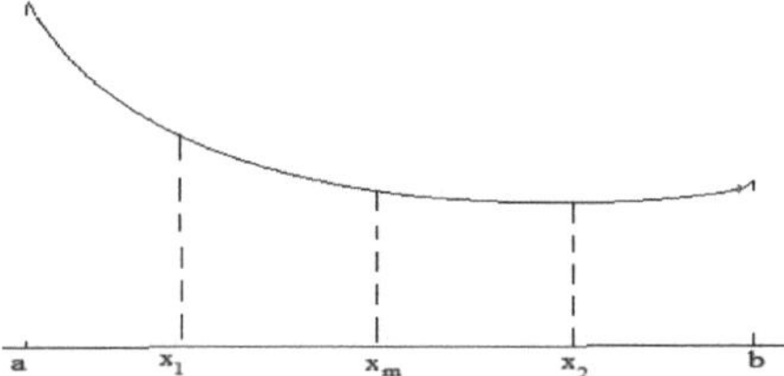

Fig. 1. Método de redução do intervalo para metade

Com referência à Fig.1, se $f(x_1) < f(x_m)$, então o mínimo não pode estar para além de x_m. Assim, o intervalo reduz-se a (a, x_m). Se $f(x_1) > f(x_m)$, então o mínimo não pode situar-se em (a, x_1). Desta forma, as regiões são eliminadas para fechar o mínimo.

Método de pesquisa de Fibonacci

É outro método de eliminação de regiões baseado na série de Fibonacci: $f(i+2) = f(i+1) + f(i)$, em que i é um número inteiro positivo. Também é adequado para otimização univariada - requer apenas uma avaliação de função por passo. Aqui também o intervalo (a, b) para o espaço de pesquisa é escolhido a partir da experiência dos designers e é dividido em n pontos equidistantes, seguindo-se o seguinte algoritmo:

1. Conjunto $L = b - a; k = 2$
2. $L_k^* = (F_{n-k+1} - F_{n+1})L$. Conjunto: $x_1 = a + L_k^*$; $x_2 = b - L_k^*$
3. Calcular um dos $f(x_1)$ ou $f(x_2)$ que não tenha sido avaliado anteriormente. Elimine a região em causa e defina novos valores para a, b.
4. Enquanto $k < n$ define: $k = k + 1$ e passa à etapa 2.
5. Terminar o processo.

Pesquisa da secção dourada

Uma das complexidades da série de Fibonacci é a necessidade de calcular e manter os números de Fibonacci. Além disso, a proporção da área que é eliminada não é consistente ao longo das iterações, pelo que a pesquisa da secção dourada elimina estes dois problemas. Neste método, o espaço intervalar (a, b) é mapeado linearmente para (0, 1). De seguida, são escolhidos dois pontos a τ de cada extremidade. Em cada iteração, a região eliminada é $1 - \tau$ da iteração anterior, como mostra a Fig. 2. Isto é conseguido escolhendo τ = 0,618. O algoritmo da pesquisa dourada é apresentado de seguida:

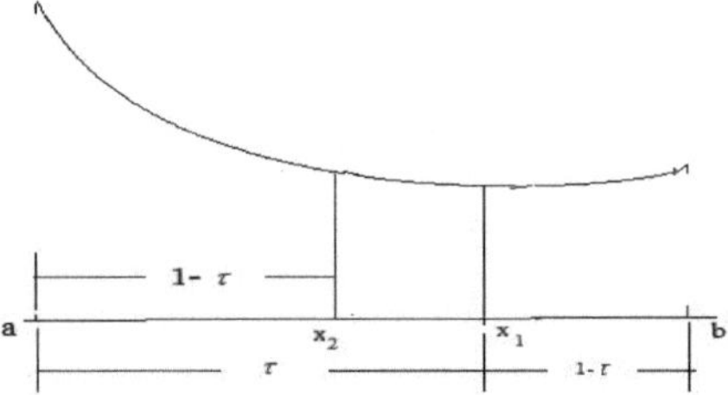

Fig. 2. O método de pesquisa dourada

1. Escolha o limite inferior *a* e o limite superior *b*. Escolha também a constante de convergência ε
2. Normalizar utilizando: $w = (x - a) / (b - a)$

3. Definir $k = 1$
4. Conjunto: $w_1 = a + 0.618L;\ w_2 = b - 0.618L$
5. Calcular: $f(w_1)$ ou $f(w_2)$ que não foi avaliado anteriormente. Utilize a regra de eliminação de regiões. Defina novos valores para a, b.
6. Enquanto $L < \varepsilon$ define: k=k+1. Passar à etapa 2.
7. Terminar.

2.7.3 Método de estimativa pontual

Em métodos anteriores, a ênfase era colocada nos valores relativos da função de dois pontos. No entanto, a magnitude dos valores da função nesses pontos também pode fornecer uma orientação essencial para alcançar os mínimos. A aproximação quadrática sucessiva é um método que incorpora esta ideia...

Aproximação quadrática sucessiva:

A curva ajustada é um polinómio quadrático, definido por três pontos a escolher inicialmente. O mínimo da curva é escolhido como ponto candidato para a iteração seguinte. Com referência à Fig. 3, x_1, x_2, x_3 são os três pontos através dos quais a função quadrática foi interpolada. O seu mínimo x_b é utilizado como ponto candidato para a próxima iteração - ainda não é o mesmo que os mínimos reais x^*. De x_1, x_2, x_3, x_b, os três melhores pontos são mantidos para a próxima iteração. Em seguida, é criada a curva de interpolação seguinte. O algoritmo de Powell baseado nisto é apresentado de seguida:

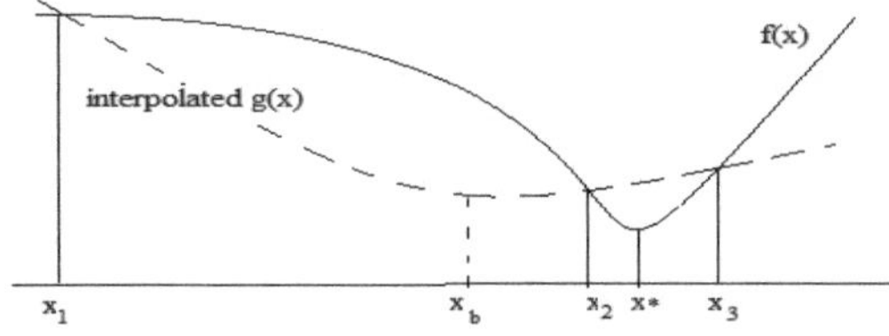

Fig. 3. Aproximação quadrática

1. Ponto inicial= x_1 e tamanho do passo $=\Delta$; calcular $x_2 = x_1 + \Delta$

2. Avaliar: $f(x_1), f(x_2)$

3. If $f(x_1) > f(x_2)$, let $x_3 = x_1 + 2\Delta$ else $x_3 = x_1 - \Delta$. Avaliar $f(x_3)$

4. Determinar $min(f_1, f_2, f_3)$ e os correspondentes $x_{\min}$

5. Utilize x_1, x_2, x_3 para encontrar x_b utilizando:

$$a_0 = f_1;\ a_1 = (f_2 - f_1)/(x_2 - x_1);\ a_2 = \frac{1}{x_3 - x_2}\left(\frac{f_3 - f_1}{x_3 - x_1} - a_1\right);\ x_b = \frac{x_1 + x_2}{2} - \frac{a_1}{2a_2}$$

6. Se $|F_{\min} - f(x_b)|$ e $|x_{\min} - x_b|$, ambos forem pequenos, terminar aceitando o melhor dos quatro pontos como mínimo; caso contrário, passar à etapa 7.

7. Guarde o melhor ponto e os dois que o rodeiam, se possível; caso contrário, guarde os três melhores pontos. Volte a rotulá-los de acordo com $x_1 < x_2 < x_3$ e avance para o passo 4.

2.7. 4Métodos baseados no gradiente

Os métodos anteriores trabalham com os valores das funções e não com as derivadas. Embora seja difícil obter os valores das derivadas em muitos casos, estes métodos são altamente eficazes e muito populares.

Método de Newton-Raphson

Para uma otimização local sem restrições, a fim de obter um ponto com uma derivada tão pequena quanto possível. No método de Newton-Raphson, a aproximação linear é efectuada utilizando a expansão da série de Taylor. O ponto (k+1)th é obtido a partir dos kth utilizando: ${}^{k+1}x = {}^{k}x - \frac{{}^{k}f(x)}{{}^{k}f'(x)}$. O processo termina quando a diferença entre o novo valor e o antigo valor de x é inferior à constante de convergência escolhida.

Método da bissecção

Este método é menos eficaz e de convergência mais lenta. Requer dois pontos de fronteira dentro dos quais o mínimo é colocado entre parêntesis. Neste caso, são escolhidos dois valores de x tais que $f'(a) < 0$; $f'(b) > 0$. Em seguida, calcula-se a derivada no ponto intermédio. Destes três, dois pontos consecutivos com valores opostos de derivadas são retidos para a iteração seguinte. Em cada iteração, metade da região de pesquisa é eliminada.

Método da secante

Esta metodologia utiliza tanto a magnitude como o sinal das derivadas para formular o novo ponto. Assume-se que a derivada da função se comporta linearmente entre os pontos de fronteira especificados e que o ponto com derivada nula deve situar-se no intervalo. Se em dois pontos - $x_1, x_2: f'(x_1)f'(x_2) < 0$ - o ponto com derivada nula situar-se-á em:

$$z = x_2 - \frac{f'(x_2)}{[f'(x_2) - f'(x_1)]/(x_2 - x_1)}$$

Neste método, mais de metade do espaço de pesquisa será eliminado num processo de iteração.

Método de pesquisa cúbica

O método é semelhante à aproximação quadrática sucessiva, mas o número de pontos iniciais necessários é reduzido utilizando a informação da derivada. Uma função cúbica tem quatro incógnitas - são necessários pelo menos quatro pontos para encontrar a sua equação. Mas a especificação será exacta com x_1, f_1, f_1' e x_2, f_2, f_2'. O mínimo da função pode ser obtido fixando as derivadas em zero. O algoritmo é semelhante ao de Powell utilizado na aproximação quadrática sucessiva.

Estas técnicas de otimização são frequentemente utilizadas para encontrar raízes, etc., em matemática. Mas no presente trabalho, alguns destes métodos foram utilizados de forma eficiente para resolver problemas de otimização do design de transformadores e indutores.

2.8. Otimização multivariável

Até agora, só foi discutida a otimização de uma única variável. Mas os problemas de conceção de transformadores e indutores são multivariáveis.

Tanto as variáveis contínuas como as de decisão podem variar. Alguns dos métodos descritos anteriormente para a pesquisa numa única variável podem ser modificados para a pesquisa em múltiplas variáveis, mas há outros métodos que também se destinam exclusivamente à pesquisa em múltiplas variáveis.

Pesquisa unidirecional

Muitos problemas de otimização multivariável podem ser resolvidos através de uma pesquisa unidirecional sucessiva. Encontra os mínimos numa determinada direção, de cada vez, e mantendo a variável fixa nesse ponto, procura o próximo. A procura dos óptimos é mais fácil se a hipersuperfície das variáveis for convexa ou côncava.

Métodos de pesquisa direta

Há uma série de métodos que utilizam apenas o valor da função, não sendo necessária qualquer informação sobre a derivada. Os métodos estão listados abaixo:

Otimização evolutiva

Em 1957, G.E.P. Box introduziu uma técnica de otimização básica mas eficaz. Requer (2^N+1) pontos em que N é a dimensão do hipercubo. Todos estes pontos são comparados e o melhor ponto é identificado. Na iteração seguinte, é formado outro hipercubo em torno do melhor ponto. O hipercubo é gradualmente reduzido. O processo continua até que a dimensão do hipercubo seja muito pequena.

Pesquisa Simplex

Este é outro método de pesquisa direta. É bastante diferente do método simplex da programação linear. Aqui, o número de pontos no simplex inicial é muito menor do que na otimização evolutiva. Isto reduz o número de avaliações de funções para cada iteração com N variáveis, apenas $(N+1)$ pontos são utilizados no simplex inicial. Foram fornecidas diretrizes para a escolha do simplex inicial. O volume do hipercubo não deve ser igual a zero. Em cada iteração, o pior ponto é encontrado primeiro. Um novo simplex é então estabelecido deslocando a pesquisa para longe do ponto com o pior desempenho, sendo o grau deste deslocamento influenciado pelos valores relativos da função. Este algoritmo foi inicialmente proposto por Spendley et al. em 1962 e foi mais tarde modificado por Nelder e Mead em 1965. Em cada iteração, o pior ponto é substituído por um novo ponto. O processo termina quando o critério de convergência é satisfeito. O método não foi utilizado neste trabalho, devido à sua complexidade.

Pesquisa de padrões - método de Hooke-Jeeves

O método de pesquisa de padrões funciona através da descoberta de um conjunto de direcções de pesquisa por iterações que cobrem completamente o espaço de pesquisa. No problema N -dimensional, é necessário N direcções de pesquisa linearmente independentes. Algumas das combinações podem requerer um menor número de iterações e funcionar mais rapidamente. O algoritmo funciona com base num movimento exploratório e num movimento padrão. O método foi utilizado na otimização do projeto de um transformador trifásico com núcleo.

Método da direção conjugada de Powell

É um método poderoso e mais popular para a otimização da engenharia. Com base no historial de soluções anteriores, cria uma nova direção de pesquisa. O método é adequado para funções de objetivo quadráticas, mas também tem sido utilizado para resolver muitos problemas não quadráticos. A tarefa principal é criar um conjunto de N direcções de pesquisa linearmente independentes e efetuar uma série de pesquisas unidireccionais, partindo de cada vez do melhor ponto anterior. O método foi utilizado para otimizar a conceção de um transformador trifásico seco.

Métodos baseados em gradientes

Em geral, os métodos baseados no gradiente são mais rápidos, uma vez que trabalham com informações sobre os valores da função, bem como sobre as suas derivadas. Em muitos casos, pode não ser possível encontrar uma expressão para a derivada. Nesses casos, é necessário criar sub-rotinas para as encontrar. Alguns dos métodos baseados em gradientes são descritos de seguida.

Método de Cauchy da descida mais acentuada (para mínimos)

A direção de pesquisa utilizada no método de Cauchy é definida como o gradiente negativo avaliado num determinado ponto. O método é também conhecido como o método da descida mais acentuada. As derivadas foram calculadas utilizando programas de computador especialmente concebidos para o efeito. O algoritmo para o caso geral é apresentado de seguida:

1. Selecionar no máximo. Número de iterações M , ponto inicial x^0 , parâmetros de terminação $\varepsilon_1, \varepsilon_2$. Definir $k=0$
2. Calcular: $\nabla f(x^k)$, as primeiras derivadas.
3. Se $\nabla f(x^k) \leq \varepsilon_1$ ou se $k \geq M$ terminar, passar à etapa 4.
4. Efetuar uma pesquisa unidirecional para encontrar α^k de modo a que: $f(x^{k+1}) = f[x^k - \alpha \nabla f(x^k)]$ seja mínimo; critério: $\nabla f(x^{k+1}).\nabla f(x^k) \leq \varepsilon_2$
5. Se $\frac{\left|x^{k+1} - x^k\right|}{\left|x^k\right|} \leq \varepsilon_1$, terminar; caso contrário, definir $k \to k+1$, passar à etapa 2.

A convergência deste método é rápida se a estimativa inicial estiver longe do ponto mínimo. O método foi utilizado de uma forma modificada neste trabalho.

Método de Newton

Ao utilizar derivadas de segunda ordem, o método de Newton identifica direcções de pesquisa que facilitam uma convergência mais rápida. O método não foi utilizado no presente trabalho, uma vez que a convergência é suficientemente rápida com um computador moderno de ação rápida, utilizando apenas valores de gradiente.

Método de Marquardt

O método de Cauchy é adequado para situações em que a estimativa inicial está muito longe do mínimo, enquanto o método de Newton é ideal quando a estimativa inicial está relativamente perto do ponto mínimo, mas normalmente o ponto mínimo é desconhecido. Tendo em conta estes pontos fracos dos métodos anteriores, Marquardt concebeu o seguinte algoritmo (utiliza o método de Cauchy no início, mas depois muda para o método de Newton).

1. Selecionar o número máximo de iterações M , o ponto inicial x^0 , os parâmetros de terminação ε . Definir $k=0$ e $\lambda^0 \rightarrow$ como um número elevado.
2. Calcular: $\nabla f(x^k)$, as primeiras derivadas.
3. Se $\nabla f(x^k) \le \varepsilon_1$ ou se $k \ge M$ terminar, passar à etapa 4.
4. Calcular: $s(x^k) = -[H^k + \lambda^k I]^{-1} \nabla f(x^k)$.Definir: ; $x^{k+1} = x^k + s.x^k$ $H \rightarrow$ Matriz Hessiana.
5. Se $f(x^{k+1}) < f(x^k)$, passar à etapa 6; caso contrário, passar à etapa 7.
6. Definir: $\lambda^{k+1} = \lambda^k / 2; k = k+1$; passar à etapa 2.
7. Definir: $\lambda^{k+1} = 2.\lambda^k$; passar à etapa 4.

Inicialmente, é escolhido um valor elevado para λ . Após algumas iterações, este valor é gradualmente reduzido.

O método é bom e mais eficiente, mas não tem sido utilizado devido à sua complexidade.

Método do gradiente conjugado

É semelhante ao método da direção conjugada com adição de derivadas de primeira ordem. O método é complexo e foi evitado neste trabalho, uma vez que não há necessidade de uma convergência mais rápida no presente problema.

Método do sistema métrico variável

O método de Newton é reconhecido pela sua eficiência, particularmente quando a solução está próxima do ponto mínimo; no entanto, o cálculo da matriz Hessiana pode ser problemático. O método da métrica variável oferece uma solução através da estimativa da matriz Hessiana a partir das primeiras derivadas, evitando assim os pesados cálculos da Hessiana e da sua inversa. Davidon, Fletcher e Powell aperfeiçoaram este método, dando origem ao método DFP, que preserva a simetria e a definição positiva da matriz, tornando-o uma escolha desejável. No entanto, a complexidade deste método levou a que fosse geralmente evitado...

2.9 Otimização condicionada

A maior parte dos problemas de otimização em engenharia são condicionados. As restrições podem ser de igualdade ou de desigualdade. Matematicamente, o problema pode ser expresso da seguinte forma

Minimizar o $f(x)$ sujeito a:

$$g_j(x) \geq 0, \quad j = 1,2,.....J$$

$$h_k(x) = 0, \quad k = 1,2,.....K$$

$$x_i^L \leq x_i \leq x_i^U, \quad i = 1,2,.....N$$

2.9. 1Condições de Kuhn-Tucker

No contexto da otimização com restrições, os pontos que satisfazem as condições de Kuhn-Tucker são frequentemente considerados potenciais candidatos a soluções óptimas. No entanto, é importante notar que nem todos os pontos de Kuhn-Tucker garantem a optimalidade. Utilizando o método do Multiplicador de Lagrange, tanto as restrições de desigualdade como as de igualdade podem ser incorporadas na função objetivo, transformando-a efetivamente num problema de otimização sem restrições. Satisfazendo as condições de optimalidade de ordem 1st , podem ser obtidas as seguintes equações de Kuhn-Tucker:

$$\nabla f(x)=\sum_{j=1}^{J}u_j\nabla g_j(x)-\sum_{k=1}^{K}v_k\nabla h_k(x)=0$$

$$g_j(x)\geq 0, \quad j=1,2,.....J$$

$$h_k(x)=0, \quad k=1,2,.....K$$

$$u_j g_j(x)=0, \quad j=1,2,.....J$$

$$u_j\geq 0, \quad j=1,2,.....J$$

Neste trabalho, a otimização foi feita em função de restrições, mas o método Kuhn-Tucker não foi aplicado em lado nenhum.

2.9. 2Métodos de transformação

A forma mais fácil de lidar com as restrições é através da utilização de transformações. Nesta abordagem, a transformação do problema com restrições numa sucessão de problemas sem restrições é conseguida através da adição de um termo de penalização correspondente a cada restrição que é violada. Os métodos de penalização podem ser interiores (lidando apenas com pontos viáveis) ou exteriores (lidando apenas com pontos inviáveis). Além disso, existe um método de penalização misto que penaliza tanto os pontos viáveis como os não viáveis.

Não será feita mais nenhuma discussão sobre a função de penalização, uma vez que este método nunca foi utilizado neste trabalho. As soluções situadas na zona de inviabilidade foram todas excluídas por técnicas de programação.

2.9. 3Análise de sensibilidade

Nesta altura, surge uma questão pertinente: a solução obtida é realmente óptima? Para uma classe de PNL, podem ser aplicados os teoremas da necessidade e da suficiência para a função objetivo condicionada, mas para outras não existe uma abordagem tão definida. Uma forma prática de resolver o problema consiste em partir de 4-5 pontos iniciais diferentes. Se o programa convergir para a mesma solução, esta é considerada óptima. No passo seguinte, deve considerar-se a forma como a solução é afetada se houver uma ligeira alteração em alguns dos parâmetros. Chama-se a isto análise de sensibilidade. Isto é feito depois de se atingir a solução óptima.

2.9. 4Técnicas matemáticas para minimização com restrições

De seguida, serão discutidos vários métodos de minimização com restrições. Estão disponíveis vários métodos de pesquisa direta:

Método de eliminação de variáveis

Só pode ser aplicado para restrições de igualdade. Num problema com k restrições de igualdade, k variáveis podem ser eliminadas, explícita ou implicitamente.

Método de pesquisa complexo

Esta técnica é semelhante ao método simplex descrito anteriormente. Introduzida por M.J. Box em 1965, começa com vários pontos viáveis que são gerados aleatoriamente. Se algum ponto for considerado inviável, é construído um novo ponto utilizando os pontos viáveis previamente identificados. Depois de estabelecer um conjunto de pontos viáveis, o ponto menos ótimo é refletido em torno do centróide dos outros pontos para produzir um novo ponto. Através deste processo de reflexão iterativo, é alcançada a solução óptima.

Métodos de pesquisa aleatória

Tal como a pesquisa complexa, funciona com uma população de pontos já gerada. Neste método, nenhum ponto é substituído de forma estruturada. O novo ponto é gerado aleatoriamente ou por pesquisa unidirecional em direcções de pesquisa aleatórias. Verificou-se que é bastante eficaz para encontrar uma solução quase óptima num número relativamente mais reduzido de passos.

2.9. 5Técnicas de pesquisa linearizada

No contexto da técnica de pesquisa linearizada, a função objetivo é linearizada em torno de um ponto pré-determinado. Um método de programação linear é então utilizado para descobrir um novo ponto. Neste novo ponto, tanto a função objetivo como as restrições são novamente linearizadas. Este processo iterativo continua até que a convergência seja alcançada. A simplicidade dos métodos de programação linear torna-os numa escolha preferida.

Método Frank Wolfe

Foi desenvolvido com base nesta ideia para resolver uma classe de problemas de PNL. Neste caso, a função objetivo é aproximada linearmente num ponto inicial designado, transformando-o assim num problema de programação linear (PL). Posteriormente, o método simplex é utilizado para identificar um novo ponto de solução. Em seguida, é efectuada uma pesquisa unidirecional desde o ponto anterior até ao ponto recentemente determinado. Outro problema LP é formado no melhor ponto, por linearização. Este processo é repetido até que as condições de terminação sejam satisfeitas.

Método do plano de corte

O processo inicia-se com um espaço de pesquisa definido pelo utilizador. Durante cada iteração, são utilizados hiperplanos lineares para eliminar partes do espaço de pesquisa com base na restrição mais violada na localização atual. A função objetivo é então minimizada no espaço de pesquisa modificado para identificar um novo ponto. Dependendo das caraterísticas deste ponto, podem ocorrer reduções adicionais no espaço de pesquisa. Embora este algoritmo tenha sido concebido principalmente para problemas lineares, também demonstrou eficácia na resolução de problemas não lineares.

2.9.6 Método da direção viável

Esta abordagem envolve a aproximação linear da função objetivo e das restrições para identificar direcções de pesquisa localmente óptimas. A direção deve ser tal que os pontos desenvolvidos localmente sejam viáveis e melhores do que o ponto atual. Não será feita mais nenhuma discussão sobre este tópico, uma vez que o método não foi utilizado neste trabalho.

Método do gradiente reduzido generalizado

É um algoritmo implícito de eliminação de variáveis para resolver problemas de PNL. O método do gradiente reduzido é utilizado para tratar problemas com apenas restrições de igualdade. Depois é generalizado para incluir também as restrições de desigualdade.

Método de projeção de gradiente

O método de projeção do gradiente assemelha-se ao algoritmo do gradiente reduzido. No entanto, é especificamente aplicável a problemas que envolvem restrições de igualdade. Elimina as dificuldades associadas ao método do gradiente reduzido e simplifica o cálculo.

2.9.7 Algoritmo especializado

São utilizadas algumas técnicas especiais para resolver alguns problemas específicos. Os métodos anteriores também podem ser utilizados para resolver estes problemas, mas o esforço computacional necessário será maior. Segue-se uma breve descrição dos métodos:

Programação inteira

Em muitos problemas de projeto, algumas variáveis só podem assumir valores inteiros, por exemplo, num transformador, o número de voltas de um enrolamento ou de uma bobina tem de ser inteiro, num motor de indução, o número de ranhuras do estator ou do rotor tem de ser inteiro. Uma forma de resolver o problema é tratar todas as variáveis como reais. Depois de encontrar as soluções como variáveis reais, estas são arredondadas para os números inteiros mais próximos. Esta abordagem foi adoptada neste trabalho. Se houver um grande número de variáveis inteiras, pode ser difícil chegar à solução óptima. Pode ser necessário adotar um método de corte e tentativa, se o valor inteiro for baixo.

Método da função de penalização

Neste método, não só os pontos inviáveis são penalizados por violarem as restrições, mas também os valores não inteiros das variáveis inteiras.

Método de ramificação e vinculação

Nesta abordagem, os problemas de PNL são primeiro resolvidos assumindo que todas as variáveis são reais. Em seguida, formam-se dois PNL diferentes para cada variável inteira com uma restrição adicional. Este processo prossegue até se obter a melhor solução.

Programação geométrica

Este método foi desenvolvido por C. Zener em 1961. O método aplica-se a problemas que podem ser expressos como um posinómio. O trabalho não se depara com um problema deste género. Assim, não é possível aplicar a programação geométrica.

3. Otimização não tradicional

As técnicas de otimização tradicionais baseiam-se na técnica de pesquisa de gradientes. Esta técnica pode ficar presa em óptimos locais. No passado recente, desenvolveram-se alguns métodos não tradicionais que não têm esta limitação. Estes métodos baseiam-se em fenómenos naturais (computação evolutiva). Os exemplos são o recozimento simulado (SA, Kirkpatrick et al, '83), o algoritmo genético (GA, Goldberg, '89) e a evolução diferencial (DA, Price e Storn, '97). Estes métodos são estocásticos por natureza, ao contrário das técnicas de pesquisa tradicionais determinísticas, e têm uma melhor perspetiva global. Além disso, os métodos tradicionais não conseguem encontrar soluções globais múltiplas por uma única hipótese, se um problema tiver tais soluções. Por conseguinte, não há possibilidade de comparar as diferentes soluções globais.

Recozimento simulado

Se um metal for arrefecido lentamente, então atinge a forma cristalina com um estado de energia mínimo. Se o arrefecimento for rápido, a forma obtida pode ser policristalina ou amorfa com um estado de energia mais elevado. O processo de arrefecimento lento é designado por recozimento. Esta ideia foi implementada no recozimento simulado, utilizando a distribuição de probabilidade de Boltzmann. De acordo com Boltzmann, a distribuição probabilística de energia é dada por

$P(E)=exp(-E/kT)$, $k=$ Constante de Boltzmann, T-Temperatura absoluta.

Se o processo de pesquisa seguir a distribuição de Boltzmann, a convergência pode ser controlada através do controlo da temperatura.

Algoritmo genético

O Algoritmo Genético é uma técnica de otimização não tradicional baseada na genética natural e na seleção natural. Segue o princípio da sobrevivência do mais apto. O método é utilizado principalmente para a maximização de funções objetivo. O problema é um problema de maximização sem restrições dado como:

Maximizar f(x)

$X_i^{(i)} \leq X_i \leq X_i^{(ii)}$ em que i = 1, 2..., N

Este problema é resolvido no GA através dos seguintes passos:

Etapa 1- Codificação: As variáveis x_i devem ser codificadas numa estrutura de cadeia de caracteres, numa primeira fase. O comprimento do código depende da precisão requerida.

Passo 2- Aptidão: O AG funciona segundo o princípio da sobrevivência do mais apto. Isto é implementado permitindo que os pontos bons que produzem valores máximos continuem na geração seguinte. A operação começa com uma população de cadeias aleatórias. Estas cadeias são selecionadas a partir de um determinado intervalo da função. São as variáveis de decisão. São realizadas três operações para encontrar o valor ótimo: reprodução, cruzamento e mutação.

O primeiro operador do AG é o operador de reprodução que seleciona as cadeias para a geração seguinte. O resultado final desta operação é um conjunto de acasalamentos. O segundo operador, o crossover, adiciona alguma aleatoriedade às cadeias selecionadas para que a solução não fique presa em pesquisas locais. Nesta operação, a formação de novas cadeias de caracteres ocorre através da troca de informações entre as cadeias de caracteres no conjunto de acasalamento. O terceiro operador, conhecido como mutação, afecta diretamente os membros da população. O seu principal objetivo é introduzir pequenas alterações nos membros da população, o que facilita as pesquisas locais quando a solução óptima está situada nas proximidades. São efectuadas várias iterações para atingir o valor ótimo.

Evolução diferencial

Existe um grupo de algoritmos que se baseiam no AG, mas que são mais vantajosos. A evolução diferencial (DE) é o seu nome genérico. Os algoritmos DE são robustos e eficientes na procura do ótimo global e são mais rápidos do que os AG. No AG só são utilizados números inteiros e estes são codificados em binário, mas no DE não existe essa limitação. O algoritmo DE não apresenta qualquer dificuldade de codificação no caso de números inteiros negativos. A mutação no AG equivale a uma operação lógica XOR. Esta operação é morosa. Mas no DE é utilizada a adição direta, o que poupa muito tempo de cálculo.

Outras técnicas evolutivas

Estratégias de evolução (Schwefel, 85)

Trata-se de procedimentos de pesquisa como nos sistemas naturais. Tal como os AG, trabalham com uma base de dados de pontos no espaço objetivo e um certo número de restrições. No entanto, as regras de transição são determinísticas e não aleatórias e as restrições são tratadas por um mecanismo de eliminação. A procura de novos pontos é efectuada pelo operador de mutação.

Programação evolutiva

A Programação Evolutiva (PE) é quase igual às estratégias evolutivas, exceto no que diz respeito ao processo de seleção. Na PE, a seleção não é determinística - é estocástica. Na ES, a estrutura de codificação é um análogo do indivíduo, enquanto que na PE é um análogo da espécie.

Programação genética

Trata-se de um ramo do AG. A principal diferença reside na representação da solução. No AG, a solução é dada como uma sequência de números. No GP é dada como um número de programas.

Otimização por enxame de partículas

A técnica de Otimização por Enxame de Partículas (PSO) está classificada entre as metodologias de pesquisa direta que visam descobrir a solução óptima para uma função objetivo, ou função de aptidão, num espaço de pesquisa especificado. Nomeadamente, estes métodos não utilizam derivadas. A simplicidade do algoritmo de otimização por enxame de partículas permite que seja acessível a quem não tem conhecimentos formais em teoria da otimização.

O PSO é um algoritmo de computador estocástico, baseado numa população, modelado na inteligência de enxame. A inteligência dos enxames baseia-se em princípios sócio-psicológicos e fornece informações sobre o comportamento social, para além de ter aplicações na engenharia. O algoritmo de otimização por enxame de partículas foi descrito pela primeira vez em 1995 por James Kennedy e Russell C. Eberhart.

A influência social e a aprendizagem social permitem que uma pessoa mantenha a coerência cognitiva. As pessoas resolvem problemas falando com outras pessoas sobre eles e, à medida que interagem, as suas crenças, atitudes e comportamentos mudam; as mudanças podem ser tipicamente representadas como os indivíduos a moverem-se uns para os outros num espaço sociocognitivo.

O método de enxame de partículas serve de modelo para a otimização social. É identificado um problema específico e é estabelecida uma função de aptidão para avaliar as soluções propostas. É também criada uma estrutura de comunicação ou rede social, que atribui vizinhos para interação entre os indivíduos. De seguida, é inicializada uma população de indivíduos, que representa tentativas aleatórias de resolução do problema. Esses indivíduos são conhecidos como soluções candidatas, ou partículas, o que dá origem ao termo enxame de partículas. Um processo iterativo é então iniciado para refinar essas soluções candidatas. As partículas avaliam sistematicamente a aptidão das suas soluções e recordam a localização das suas tentativas mais bem sucedidas. A melhor solução encontrada por um indivíduo é referida como a melhor solução da partícula ou a melhor solução local. Esta informação é partilhada com as partículas vizinhas, que também podem observar os sucessos dos seus pares. Os movimentos através do espaço de pesquisa são direcionados por estes sucessos, levando a uma convergência da população para uma solução que é geralmente superior à obtida através de abordagens não enxameadas utilizando as mesmas metodologias no final do ensaio.

- O enxame é convencionalmente representado como um conjunto de partículas que operam num espaço multidimensional, cada uma definida pela sua posição e velocidade. Estas partículas movem-se através do hiperespaço e estão equipadas com duas capacidades de raciocínio primárias: a recordação da sua melhor posição pessoal e o conhecimento das posições óptimas no contexto global ou na sua área vizinha. No âmbito de um problema de otimização de minimização, "melhor" é interpretado como a posição que atinge o valor objetivo mais baixo. Os participantes do enxame transmitem informações sobre posições favoráveis uns aos outros e ajustam sua própria posição e velocidade com base nessas informações. Assim, cada partícula possui os dados necessários para efetuar alterações informadas à sua posição e velocidade
- O melhor global representa um estado ótimo amplamente reconhecido que é atualizado instantaneamente após a descoberta de uma nova posição superior por qualquer partícula no enxame.

- Em conjunto com isto, a melhor vizinhança é adquirida através da comunicação com um subconjunto específico do enxame.
- Por último, o melhor local representa a solução mais favorável que a partícula observou anteriormente.

As equações que ditam as actualizações da posição e velocidade das partículas são articuladas na sua forma mais básica. Dentro da estrutura da Otimização por Enxame de Partículas (PSO) padrão, conforme detalhado na Particle Swarm Central, o parâmetro c1 é configurado como zero. Além disso, quando o melhor da vizinhança é reconhecido como o melhor local, o parâmetro r3 também é ajustado temporariamente para zero. Ao longo do processo iterativo do enxame, espera-se que a aptidão da melhor solução global melhore, o que se traduz numa redução da aptidão para tarefas de minimização. É concebível que todas as partículas, sob a influência da melhor solução global, acabem por convergir para ela, levando a uma situação em que já não se observam melhorias na aptidão, independentemente do número de iterações executadas posteriormente. Como resultado, as partículas podem agrupar-se em torno do melhor global, deixando de explorar outras áreas do espaço de pesquisa. Esta situação é designada por "convergência". Se o coeficiente de velocidade inercial for baixo, as partículas podem desacelerar gradualmente, atingindo potencialmente um estado de velocidade zero no melhor global. A seleção dos coeficientes nas equações de atualização da velocidade influencia significativamente tanto a dinâmica de convergência como a capacidade do enxame para descobrir soluções óptimas. Uma abordagem viável para enfrentar este desafio é reinicializar as posições das partículas em intervalos regulares ou após a deteção de convergência.

Várias abordagens de investigação têm-se centrado na implementação de coeficientes de constrição e pesos de inércia. Existe um conjunto diversificado de técnicas destinadas a evitar a convergência prematura. Foi estabelecida uma variedade de modificações nas topologias das redes sociais, juntamente com sistemas de enxame sem parâmetros e totalmente adaptáveis. O algoritmo tem sido analisado como um sistema dinâmico e tem sido aplicado em numerosos contextos de engenharia; serve objectivos como a composição musical, a modelação do mercado e das organizações, e no domínio das instalações artísticas.

O quadro fundamental da otimização por enxame de partículas (PSO) foi concebido principalmente para variáveis contínuas, em que a função objetivo pode ser avaliada mesmo com os mais pequenos incrementos. Para acomodar variáveis binárias, que podem assumir apenas dois valores distintos, o método foi modificado para um PSO binário. Foram desenvolvidas várias técnicas para gerir variáveis discretas que podem existir em vários estados, sendo a abordagem mais simples o arredondamento de uma representação contínua interna da solução para as coordenadas avaliáveis mais próximas da função objetivo. Além disso, existem metodologias que alargam as capacidades da otimização por enxame de partículas para explorar variáveis combinatórias, em que as transições entre estados não correspondem a movimentos num espaço de coordenadas. Apesar de ser um desenvolvimento relativamente recente, a PSO tem sido utilizada numa série de aplicações, incluindo o treino de redes neuronais artificiais e a atualização de modelos de elementos finitos. Mais recentemente, o PSO foi integrado na evolução gramatical para formar uma estrutura de otimização híbrida conhecida como "enxames gramaticais". Este algoritmo também encontrou relevância em vários desafios de conceção e está a ser cada vez mais utilizado em cenários de otimização de engenharia.

Otimização por colónias de formigas

No domínio da informática e da investigação, o Ant Colony Optimization (ACO) é uma abordagem probabilística para a resolução de problemas computacionais que podem ser traduzidos na tarefa de identificar caminhos eficazes através de grafos. Este algoritmo é classificado no âmbito dos algoritmos de colónia de formigas, que são parte integrante das metodologias de inteligência de enxame, e incorpora um tipo de otimização metaheurística. Originalmente proposto por Marco Dorigo na sua tese de doutoramento de 1992, o algoritmo foi concebido para descobrir caminhos óptimos em grafos, inspirando-se no comportamento das formigas quando procuram rotas entre as suas colónias e as fontes de alimento. Desde a sua criação, o conceito expandiu-se para abordar um conjunto mais vasto de desafios numéricos, resultando no aparecimento de várias aplicações que exploram diferentes aspectos do comportamento das formigas, incluindo a sua utilização em projectos de engenharia.

As formigas iniciam o seu comportamento de forrageamento movendo-se aleatoriamente em busca de alimento. Ao localizarem uma fonte de alimento, regressam à sua colónia, deixando atrás de si rastos de feromonas. Se outras formigas descobrem estes rastos, alteram o seu movimento aleatório e seguem o caminho da feromona, reforçando-o se também encontrarem alimento no final. No entanto, a força destes rastos de feromona diminui com o tempo devido à evaporação. A taxa de evaporação é influenciada pela frequência das viagens; os caminhos mais curtos são percorridos mais rapidamente, o que permite manter uma densidade mais elevada de feromonas, que são depositadas a um ritmo correspondente ao da sua evaporação. Esta evaporação é vantajosa porque evita que o sistema fique preso numa solução localmente óptima. Assim, quando uma formiga identifica um caminho ótimo para uma fonte de alimento, é provável que outras formigas sigam o exemplo, levando a uma situação em que todas as formigas acabam por convergir para um único caminho através de um feedback positivo. O algoritmo da colónia de formigas replica este comportamento com "formigas simuladas" que navegam num gráfico que representa o problema a resolver. Entre as várias técnicas aplicadas neste domínio, apenas o Algoritmo Genético, o Recozimento Simulado e a Pesquisa de Padrões foram selecionados para a otimização do projeto de um pequeno transformador a seco.

4. Pesquisa bibliográfica

A literatura em causa, no que diz respeito à otimização da conceção, já foi referida. Agora, será discutida em mais pormenor. Os computadores de primeira geração não eram muito potentes. Eram bastante lentos e tinham pouco espaço de memória. Apesar destas deficiências, muitos projectistas começaram a trabalhar com computadores digitais para evitar os riscos de cálculos manuais demorados. Em 1955-56, S.B. Williams et al fizeram a primeira tentativa registada de utilizar computadores para o projeto de transformadores. Em 1958, Sharply e Oldfield aplicaram computadores digitais para o projeto de grandes transformadores de potência. Em 1959, Williams et al efectuaram o projeto completo de um transformador de potência por computador, tendo O.W. Anderson tentado optimizá-lo pela primeira vez em 1967. Mais tarde, publicou um artigo valioso sobre a conceção optimizada de equipamento de potência em geral. Wu e Adams utilizaram o computador para o projeto de transformadores em 1970. P.H. Odyssey relatou o projeto assistido por computador em 1974. A técnica de otimização de um pequeno transformador de baixa frequência foi relatada por Judd e Kressler em 1977. Estes são os trabalhos mais importantes até aos anos setenta.

Nos anos oitenta e seguintes, seguiram-se muitos trabalhos neste domínio. Poloujadoff e Findlay tentaram ilustrar o efeito da variação de parâmetros no projeto ótimo de transformadores em 1986. Gradualmente, as técnicas de projeto assistido por computador foram introduzidas nos cursos de licenciatura. W.T. Jewell, em 1990, e A. Rubbai, em 1994, relataram o mesmo. Em 1996, T.H. Pham et al abordaram o caso da otimização da forma dos enrolamentos para minimizar as perdas. M. Albach et al utilizaram um programa informático para calcular as perdas no núcleo dos transformadores. Em 1993-94, A. Basak et al utilizaram uma nova abordagem para a conceção de um transformador. Optimizou o projeto, juntamente com Hu, calculando a perda do núcleo. T.H. Pham et al descobriram as formas óptimas dos enrolamentos para minimizar as perdas. M. Albach et al calcularam a perda do núcleo para correntes de magnetização arbitrárias. O design optimizado, incluindo os efeitos de alta frequência, foi tratado por W.G. Hurley et al em 1998. G.W. Swift trabalhou na junta mitrada e S. Charap et al desenvolveu o modelo de perda de núcleo para transformadores laminados. A influência da conceção do núcleo nas perdas de potência foi abordada por Valcovic. Levers et al utilizaram o computador para comparar as perdas de transformadores e indutores de alta frequência. [st]G.G. Gonzalez et al centraram-se nos transformadores de distribuição do século XXI. P.S. Georgilakis destacou as aplicações informáticas no sector da energia. N.D. Doulamis et al destacaram a engenharia integrada assistida por computador, em geral. W.M. Grady et al. desenvolveram um programa informático baseado em PC para transformadores secos. A. Teoh et al. trabalharam e apresentaram um relatório sobre o controlo do ruído em transformadores. S. Salon et al trabalharam sobre forças de curto-circuito. M. Sippola et al fizeram previsões sobre perdas em transformadores de alta frequência. A estimativa e a minimização das perdas por correntes de Foucault foram efectuadas por A. Saleh et al. C. Olivares-Galvan comparou o cobre e o alumínio como materiais condutores. Fórmulas de perdas para ferrites de potência foram desenvolvidas por S. Mulder, W. Roshen descobriu as perdas em núcleos de ferrite para potência magnética. A. Ferreira desenvolveu um modelo analítico para as perdas condutivas em componentes magnéticos. Todos os factores que contribuem para a perda do núcleo foram considerados por Ed.G. Tenyeenhuis et al. O arrefecimento a óleo para transformadores de tipo disco foi abordado por J. Zhang et al. A conceção baseada na WEB surgiu em 2003.

Com o advento das técnicas de soft-computing, muitos autores utilizaram-nas tanto para a conceção como para a análise do desempenho. L.T. Bui e S. Alam discutiram a otimização multi-objetivo em inteligência computacional. A. A. Adly utilizou a otimização evolutiva para o projeto de transformadores de potência. Adly também utilizou a RNA para o projeto automatizado e o rebobinamento de núcleos. S.H. Thilagar debruçou-se sobre a estimativa de parâmetros de transformadores de 3 enrolamentos através de algoritmos genéticos. C. Harmandez et al utilizaram um sistema baseado no conhecimento orientado para objectos para a conceção de transformadores de distribuição. R.A. Jabr aplicou a programação geométrica ao projeto de transformadores e G. Pavlos et al apresentaram uma solução heurística para a otimização dos custos. K.S. Rao et al descobriram os parâmetros óptimos de um transformador retificador através de técnicas inteligentes e J. Du et al utilizaram um PSO melhorado para o mesmo efeito. A.G. Leal et al utilizaram a RNA para avaliar a perda de um transformador de distribuição, também utilizado por Tai-Ken-Lu et al. A RNA foi utilizada por M. Firouzfar et al para estimar o peso do material principal de um transformador. S. Subramanian et al utilizaram o forrageamento bacteriano e A. Kumar Jadav utilizou o recozimento simulado para otimizar o projeto do transformador. M. Fouzai et al utilizaram o ACO para o mesmo efeito. J. Smolker et al utilizaram CFD e GA para determinar a forma das bobinas e das condutas de arrefecimento num transformador a seco. A. Harmandez et al projectou um transformador de distribuição com base num sistema baseado no conhecimento e em métodos de elementos finitos. Desenvolveu também um assistente inteligente para o mesmo para sistemas especializados. O PSO foi utilizado por Q. Hengsi et al para transformadores de alta frequência. G. Chiandussi et al compararam técnicas de otimização multi-objetivo num artigo. K.Y. Lee et al discutiram técnicas modernas de otimização heurística com aplicação a sistemas de energia. E.I. Amoiralis et al. efectuaram uma valiosa pesquisa bibliográfica sobre o projeto de transformadores e a sua otimização.

5. Metodologia

A base da conceção óptima reside na seleção das variáveis de conceção e dos seus respectivos limites. Posteriormente, é necessário articular as restrições e a função objetivo. Muitas vezes, a função objetivo está associada ao custo de produção. No entanto, esta perspetiva não tem em conta os custos operacionais que os consumidores devem suportar. Um método superior envolve enquadrar a função objetivo como um agregado ponderado de custos de produção e despesas de funcionamento. Esta estrutura de otimização dupla beneficia tanto o fabricante como o consumidor, tornando-se uma opção mais favorável. O passo seguinte é escolher uma técnica de otimização adequada, escrever o fluxograma e o programa utilizando uma linguagem apropriada. Em seguida, deve ser feita uma comparação com os projectos existentes para estabelecer que a nova tecnologia é a melhor.

Transformador trifásico de 3 enrolamentos

Os transformadores trifásicos com núcleo são amplamente utilizados como transformadores de potência. Alguns destes transformadores estão equipados com um terceiro enrolamento ou um enrolamento terciário para alimentar os auxiliares da estação. Os transformadores de 3 enrolamentos são também utilizados para os seguintes fins

- Por vezes, é adicionado um enrolamento terciário ou 3rd para suprimir os componentes de sequência zero e os harmónicos triplos. A isto chama-se terciário estabilizador.
- Para alimentar duas linhas de transmissão com tensões diferentes a partir de uma única fonte, etc.

Os pormenores são apresentados nos parágrafos seguintes. O custo dos transformadores de potência de 3 enrolamentos é uma proporção considerável do custo total do sistema. Por conseguinte, o processo de conceção deve dar prioridade à relação custo-eficácia.

Enrolamento terciário

Em transformadores específicos de alta potência, um enrolamento adicional está presente em conjunto com os enrolamentos primário e secundário. Este enrolamento é identificado como o enrolamento terciário do transformador. Por conseguinte, os transformadores que incluem este terceiro enrolamento são classificados como transformadores de três enrolamentos.

A inclusão de enrolamentos terciários em transformadores de energia eléctrica serve para satisfazer um ou mais requisitos designados.

- Esta configuração reduz o desequilíbrio no primário causado pela carga desigual dos sistemas trifásicos.
- Também redistribui o fluxo da corrente de defeito.
- Em certas situações, é necessário alimentar uma carga auxiliar com um nível de tensão diferente da carga secundária principal, que pode ser acedida a partir do enrolamento terciário de um transformador de três enrolamentos.
- A disposição em triângulo do enrolamento terciário nestes transformadores é fundamental para limitar a corrente de defeito durante os curto-circuitos entre a linha e o neutro.

a) Estabilização por enrolamento terciário do transformador

Um transformador estrela-estrela, quer seja composto por três unidades separadas ou por uma única unidade com um núcleo de cinco membros, apresenta um elevado nível de impedância a correntes de carga desequilibradas que fluem entre a linha e o neutro. Este fenómeno é atribuído à baixa relutância do caminho de retorno para o fluxo desequilibrado em ambos os tipos de transformadores.

Se um transformador tiver N voltas no enrolamento e a relutância do caminho magnético for R_L, então,

MMF = NI = φ RL (1)

em que I e φ são a corrente e o fluxo no transformador

Mais uma vez, a tensão induzida = 4,44 f φ N

ou seja, V_∞ φ e φ = K V (2)

Agora, a partir das equações (1) e (2), pode ser reescrita como,

$NI = KVR_L$

ou, $V/I = N/KR_L$

ou, $Z = N/KR_L$

ou, $Z \infty 1/R_L$

A partir da expressão matemática, pode deduzir-se que a impedância está inversamente relacionada com a relutância. Nos casos em que o caminho de retorno da corrente de carga desequilibrada é caracterizado por uma impedância elevada, está simultaneamente disponível um caminho de retorno de baixa relutância para o fluxo desequilibrado. Isto resulta numa elevada impedância ao fluxo de corrente desequilibrada num sistema trifásico, particularmente entre a linha e o neutro. Além disso, a corrente desequilibrada num sistema trifásico pode ser segmentada em três conjuntos de componentes: componentes de sequência positiva, de sequência negativa e de sequência zero. Se o valor da corrente de sequência zero em cada linha for I_o , então a corrente total que flui através do neutro do lado secundário do transformador é $I_n = 3.I_o$. Esta corrente não pode ser equilibrada pela corrente primária, uma vez que a corrente de sequência zero não pode fluir através do primário isolado ligado em estrela ao neutro. Por conseguinte, a referida corrente no lado secundário cria um fluxo magnético no núcleo. A presença de um enrolamento terciário ligado em triângulo num transformador permite a circulação da corrente de sequência zero. Esta corrente circulante no enrolamento delta equilibra a componente de sequência zero das cargas desequilibradas, o que, por sua vez, evita o desenvolvimento injustificado de um fluxo de sequência zero desequilibrado no núcleo do transformador. Em resumo, a adição de um enrolamento terciário num transformador estrela-estrela-neutro reduz significativamente a impedância de sequência zero.

b) Classificação do enrolamento terciário do transformador

A especificação da classificação do enrolamento terciário de um transformador é influenciada pela sua aplicação específica. Se o enrolamento for destinado a suportar uma carga extra, a sua área de secção transversal e a abordagem de conceção são ditadas pelas caraterísticas da carga e pela possibilidade de um curto-circuito trifásico morto nos seus terminais, com a energia a ser transmitida tanto do lado da alta tensão (AT) como da média tensão (MT). Em contrapartida, se o enrolamento se destinar exclusivamente à estabilização, a sua secção transversal e a sua conceção devem ser derivadas de considerações térmicas e mecânicas, particularmente em relação às correntes de defeito de curta duração, sendo os defeitos simples linha-terra o cenário mais exigente.

6. A função objetivo e a metodologia de conceção

Foram desenvolvidos dois métodos de otimização da conceção para dois objectivos diferentes. No primeiro método, a função objetivo é o custo total de produção, na presença de restrições especificadas pelo cliente e pelas autoridades reguladoras. Não tem em conta as perdas de exploração. Para otimizar esta função objetivo, existem apenas duas variáveis-chave, a constante de fem K e a relação altura/largura R_w do núcleo. A densidade de fluxo B_m e a densidade de corrente δ são mantidas nos valores mais elevados possíveis para que as restrições de eficiência, etc., não sejam violadas. Neste caso, o método de pesquisa exaustiva utilizando loops aninhados foi considerado vantajoso. O método parece ser o melhor atualmente, tendo em conta a enorme velocidade do computador atual.

No segundo método, a função objetivo é uma soma ponderada do custo de produção e das perdas de exploração médias anuais. Esta função tem em conta o interesse do fabricante, bem como o do cliente. Obviamente, surgem mais duas variáveis-chave neste caso: a densidade de fluxo B_m e a densidade de corrente δ . O método de pesquisa exaustiva não é adequado neste caso, uma vez que o número de variáveis é elevado. Foram utilizadas técnicas de pesquisa de gradientes para encontrar o ótimo. Como se verificou que a hiper-superfície das variáveis de projeto é côncava, foi utilizada a técnica de pesquisa de gradientes sequenciais.

6.1 Símbolos utilizados

S	Classificação, VA
V_1, V_2, V_3	Tensão de fase primária, secundária e terciária, Vol.
I_1, I_2, I_3	Corrente de fase primária, secundária e terciária, A
B_m	Valor máximo da densidade de fluxo, Tesla
δ	Densidade de corrente, A/mm^2
K_s, K_w	Fator de empilhamento, fator de espaço da janela
H_w, W_w, R_w	Altura, largura e rácio altura/largura da janela
E_t	Volts/voltas

T_1, T_2, T_3	N.º de voltas dos enrolamentos primário, secundário e terciário por fase
a_1, a_2, a_3	Secção transversal dos condutores primário, secundário e terciário, mm^2
CT	Custo total do transformador, incluindo despesas gerais, Rs.
η	Eficiência, %
VR	Regulação da tensão, %
TR	Aumento da temperatura, Cº
I_w, I_μ, I_0	Perda do núcleo, magnetização, corrente em vazio, (em relação ao primário), A

6.2 O transformador de 3 enrolamentos - construção

Os transformadores de distribuição são transformadores de dois enrolamentos, geralmente com regulações de derivação para ajustar a tensão de saída. Não têm qualquer terceiro enrolamento ou enrolamento terciário. Alguns pequenos transformadores para fins especiais podem ter um enrolamento terciário, por exemplo, num transformador utilizado para retificação controlada utilizando tiristores. Mas nos grandes transformadores de potência é acrescentado um enrolamento terciário por várias razões. Alguns dos exemplos são dados a seguir:

- Numa central eléctrica, o terceiro enrolamento é adicionado para fornecer energia aos auxiliares da central, como a bomba de alimentação da caldeira, os motores dos ventiladores FD e ID, etc., como nas unidades 4 a 6 da central térmica de Kolaghat, Bengala Ocidental, Índia.
- Para alimentar duas linhas de transmissão a partir de um ponto com dois níveis de tensão diferentes.
- Alguns transformadores H.V. utilizam a ligação em estrela para os enrolamentos primário e secundário para obter vantagens económicas. Esta prática dá origem a deslocamentos de neutro durante o funcionamento desequilibrado. Para evitar esta dificuldade, é utilizado um terciário

estabilizador ligado em delta (Fig. 4). Este suprime as correntes de sequência zero, bem como as harmónicas triplas. Trata-se, no fundo, de transformadores de 3 enrolamentos com terciário sem carga.

Foi utilizada a construção de núcleo trifásico. O CRGOS foi utilizado para manter a perda de ferro num valor baixo. O cobre foi escolhido como material condutor para manter as perdas óhmicas a um valor baixo. Foi utilizado um enrolamento helicoidal para o primário e o terciário e bobinas de disco concêntrico para o secundário.

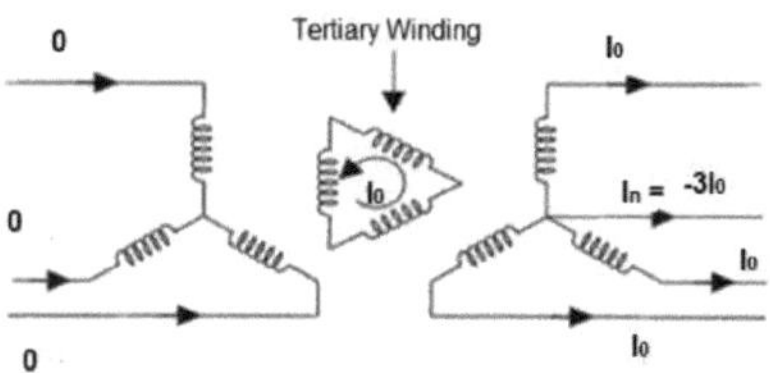

Fig. 4. Transformador de três enrolamentos com corrente de sequência zero

6.3. As variáveis de conceção e os condicionalismos

A identificação das variáveis críticas necessárias para otimizar um problema de conceção é influenciada pela função objetivo. O processo de otimização visa minimizar os custos de produção, respeitando as restrições de projeto estabelecidas, que incluem a manutenção de uma eficiência de pelo menos 98%, a limitação da corrente em vazio a um máximo de 1% e a garantia de que a regulação de tensão não excede 5% para os transformadores de distribuição ou que o MVA de curto-circuito se mantém abaixo de 8 p.u. para os transformadores de potência. Neste quadro, permite-se que as perdas no ferro e no cobre atinjam os seus valores máximos para facilitar a redução de custos, embora o seu rácio deva ser ajustado para se adaptar ao fator de carga.

Na metodologia inicial, tanto a densidade de fluxo como a densidade de corrente são maximizadas dentro das restrições de conceção permitidas, sendo o custo de produção designado como função objetivo. Assim, as seguintes variáveis de projeto têm um impacto significativo no custo global.

1) A constante de f.m.e. K (na equação $E_t = K.\sqrt{S}$, em que E_t = f.m.e. por volta, S = kVA nominal.

2) A relação entre a altura e a largura da janela: $R_w = H / W_{ww}$

3. a escolha do material do núcleo - o CRGOS, mais caro, pode revelar-se mais económico do que o HRS, mais barato, considerando o custo global, incluindo o do cobre.

4A escolha dos materiais condutores - por vezes pode ser necessário utilizar cobre mais caro, tendo em conta o desempenho global e o custo.

5. a relação entre a perda de ferro e a perda de cobre: $(P / P)_{ic}$

Se o objetivo é assegurar os interesses do cliente, torna-se crucial ter em conta os custos operacionais associados às unidades de energia perdidas na função objetivo. Assim, a seleção da densidade de fluxo e da densidade de corrente como variáveis de projeto é necessária para verificar as condições de minimalidade relevantes para a função objetivo definida. Por esta razão, no segundo método, a função objetivo foi considerada como a soma do custo de venda e do custo das unidades de energia perdidas durante cinco anos. A pesquisa sequencial de gradientes foi utilizada porque a hiper-superfície é côncava.

6.4O procedimento de conceção

Com base na experiência do projetista, foram sugeridos os seguintes valores de variáveis de projeto para um transformador trifásico com núcleo:

Constante E.M.F., K: 0,45 para transformador de distribuição

0,6-0,7 para transformador de potência

Altura/largura da janela, R_w :2.0-3.0 para transformador de potência
3,0-4,0 para transformador de distribuição

Recomenda-se a seguinte seleção de materiais:

Material de base: CRNOS para classificações mais pequenas, CRGOS para classificações maiores.

Materiais dos condutores: Alumínio para potências mais pequenas, Cobre para potências maiores.

Uma vez selecionados criteriosamente o condutor e o material do núcleo, o passo seguinte consiste em identificar os valores de K e R_w que conduzirão aos custos de produção mais baixos, respeitando simultaneamente as restrições do projeto. Os valores iniciais da densidade de fluxo (B_m) e da densidade de corrente (δ) são escolhidos para manter a eficiência e as correntes em vazio próximas dos limites estabelecidos pelo cliente. O custo de venda é a função objetivo, que é minimizada apenas em relação a duas variáveis. Para o efeito, foi utilizado um método de pesquisa exaustiva, dado que o tempo de execução do computador é negligenciável. Apresenta-se de seguida o algoritmo do programa de computador criado para o efeito.

6.5 Algoritmo utilizado

Os dois algoritmos utilizados neste trabalho são apresentados de seguida:

a. Para uma pesquisa exaustiva

Passo 1: Especificações de entrada do transformador

Passo 2: Introduzir os dados especificados pelo utilizador para as variáveis de conceção $B_{,m}\delta$, N_{st} etc.

Passo 3: Escolher o cobre como material condutor, CRS como material do núcleo

Passo 4: Para K = 0,5 a 0,7 em passos de 0,1, fazer

Passo 5: Para R_w = 2,0 a 3,0 em passos de 0,1 do

Passo 6: Ir para a sub-rotina de conceção do transformador e encontrar as variáveis de desempenho: eficiência, regulação da tensão, corrente em vazio, etc.

Passo 7: Se a eficiência< 98%, passar ao passo 12.

Passo 8: Se a percentagem Z< 10%, passar ao passo 12.

Passo 9: Se a corrente em vazio> 1,0% passo 12.

Passo 10: Determinar o custo total.

Passo 11: Se o custo atual for inferior ao mínimo anterior, definir o mínimo

Custo = custo atual, preservar os valores correspondentes de K e R_w

Passo 12: terminar para

Passo 13: terminar para

Passo 14: Ir para a sub-rotina de projeto do transformador com valores de K, R_w para os quais o

O custo foi considerado mínimo.

Passo 15: Imprimir os resultados

Passo 16: Parar

Passo 17: Terminar

b. Algoritmo para encontrar óptimos utilizando a pesquisa sequencial de gradientes

Passo 1: Especificações de entrada do transformador

Passo 2: Introduzir os dados especificados pelo utilizador para as variáveis de conceção.

Passo 3: Escolher o cobre como material condutor, CRS como material do núcleo

Passo 4: Para K = 0,5 a 0,7 em passos de 0,1, fazer

Passo 5: Ir para a sub-rotina de conceção do transformador e encontrar as variáveis de desempenho: eficiência, regulação da tensão, corrente em vazio

Passo 6: Se a eficiência< 99,7 % ou a regulação da tensão >3% ou a corrente em vazio > 0,2%, passar ao passo 9.

Passo 7: Determinar o custo total

Passo 8: Se o custo atual for inferior ao mínimo anterior, definir o mínimo

Custo = custo atual, preservar o valor correspondente de K

Passo 9: terminar para

Passo 10: Para R_w = 2,5 a 3,5 em passos de 0,1 do

Passo 11: Ir para a sub rotina de conceção do transformador e encontrar as variáveis de desempenho: eficiência, regulação da tensão, corrente em vazio, etc.

Passo 12: Se a eficiência< 99,7 % ou a regulação da tensão >3% ou a corrente em vazio > 0,2%, passar ao passo 15.

Passo 13: Determinar o custo total.

Passo 14: Se o custo atual for inferior ao mínimo anterior, então definir custo mínimo = custo atual, preservar o valor correspondente de R.

Passo 15: Fim para

Passo 16: Para δ = 2,0 a 3,0 em passos de 0,1 do

Passo 17: Ir para a sub-rotina de conceção do transformador e encontrar as variáveis de desempenho, eficiência, regulação da tensão, corrente em vazio.

Passo 18: Se a eficiência< 99,7 % ou a regulação da tensão >3% ou a corrente em vazio > 0,2%, passar ao passo 21.

Passo 19: Determinar o custo total.

Passo 20: Se o custo atual for inferior ao mínimo anterior, definir custo mínimo = custo atual, preservar os valores correspondentes de δ.

Passo 21: terminar para

Passo 22: Para B_m = 2,5 a 3,5 em passos de 0,1 do

Passo 23: Vá para a sub-rotina de conceção do transformador e encontre as variáveis de desempenho: eficiência, regulação da tensão, corrente em vazio.

Passo 24: Se a eficiência< 99,7 % ou a regulação da tensão >3% ou a corrente em vazio > 0,2%, passar ao passo 27

Passo 25: Determinar o custo total

Passo 26: Se o custo atual for inferior ao mínimo anterior, definir o custo mínimo = custo atual, preservar os valores correspondentes de B_m.

Passo 27: terminar para

Passo 28: Efetuar o cálculo do projeto com os valores escolhidos das variáveis do projeto e imprimir os resultados.

Passo 29: Parar

Passo 30: Fim

6.6. Estudos de caso

Foram efectuados dois estudos de caso diferentes. Os pormenores da conceção da primeira abordagem (a função objetivo é o custo de venda) são apresentados a seguir:

a. Por pesquisa exaustiva

O transformador encontra-se na subestação primária. Ele reduz uma parte da potência para 11 kV e a outra parte para 3,3 kV, para os alimentadores. O custo mínimo para o transformador é obtido para os seguintes valores das variáveis de projeto:

Constante EMF = 0,42; altura/largura da janela = 4,2 e o custo mínimo = Rs. 39, 64018/-, sujeito aos seguintes condicionalismos de conceção e custos específicos:

Eficiência $\geq$ 0,99; Regulação da tensão $\leq$ 3%; Corrente sem carga $\leq$ 0,5%

Custo específico do cobre = Rs. 380/- por Kg

Custo específico do ferro fundido = Rs. 120/- por Kg

Custo específico da parede do tanque = Rs. 45/- por Kg; Custo específico do óleo = Rs. 32 /- por litro

Os pormenores de conceção da máquina optimizada são apresentados a seguir:

Classificação MVA do primário, secundário e terciário: 25; 20; 5

Fator de potência nominal (considerado igual para o secundário e o terciário) = 0,85 em atraso

Tensão nominal da linha primária, secundária e terciária: 66; 11; 3,3 kV

Frequência nominal= 50 Hz

Ligação primária, secundária e terciária: Estrela/ Estrela/ Delta

Material do condutor: Cobre; material do núcleo: CRGOS

Número de torneiras = 9; % de voltas entre torneiras = 1,25

A constante do FME para otimização dos custos = 0,42

Número de voltas nominais do primário = 572

Número de voltas adicionais do primário para a tomada de contacto = 28

Número total de voltas do primário = 600

Número de voltas nominais do secundário = 95

Número de voltas nominais do terciário = 99

Corrente em Amp- Primária/ Secundária/ Terciária: 218.69; 1049.7 252.53

Densidade de corrente escolhida = 3 A/mm^2

Secção transversal do primário/ secundário/ terciário (mm^2): 72.898/ 349.91/ 84.175

Área líquida do núcleo de ferro (m^2) = 0,17596

Fator de empilhamento = 0,94

Área bruta da alma de ferro (mm^2) = 0,19126 .Foi utilizada uma alma de 3 andares.

Diâmetro do círculo central = 0,01288 m

Comprimento dos lados do núcleo, m: 0,487; 0,381; 0,228

Área da janela = 1,4602 m^2 ; Altura/largura da janela, m: 2,4765; 0,58964

Distância entre os centros dos núcleos = 1,0106 m; Largura/altura da forquilha, m: 0,487; 0,39274

Comprimento total do núcleo = 2,7429 m; Altura total do núcleo = 3,2619m

Perda de ferro = 40715 W; % de perda de ferro = 0,16286

Comprimento médio de viragem (m) da Primária/Secundária/Terciária: 2.0617; 2.9879; 2.4322

Resistência do primário/secundário/terciário, Ω: 0.33972; 0.01704; 0.06007

Perda de cobre = 116550 W; % de perda de cobre = 0,4662; % de perda total = 0,62906

Eficiência a plena carga e fator de potência em atraso de 0,85 = 0,99265

A eficiência máxima de 0,99356 ocorre a uma % de carga de 59,105

A corrente de magnetização em % = 0,34507; a corrente de perda do núcleo em % = 0,16286

A corrente em vazio em %= 0,38157

A % de reactância de fuga entre o primário e o secundário = 4,0898

A % de regulação da tensão à potência nominal e o fator de potência entre o primário e o secundário = 2,5508

A % de reactância de fuga entre o primário e o terciário = 3,183

A % de regulação da tensão à potência nominal e o fator de potência entre o primário e o terciário = 2,073

Dimensão do reservatório (m) comprimento, largura, altura: 1,2906 x 3,4266 x 3,6119

O número de tubos (50 mm de diâmetro) necessários = 991

O peso da cisterna= 6404,9Kg; O custo da cisterna= Rs. 288222 /-

O volume de óleo = 15974 litros; o custo do óleo = Rs. 511154 /-

Volume do ferro = 2,2726 m^3 ; Peso do ferro = 17385 Kg

Custo do ferro = Rs. 2086232 /-

Volume do cobre = 0,37149 $m^{3;}$ Peso do cobre = 3305,4 kg

Custo do cobre = Rs. 1256046 /-

Custo direto com 15 % de encargos de mão de obra = 4762903 /- Rs.

Custo de venda com 25 % de despesas gerais = Rs. 5953629 /-

b. Por pesquisa de gradiente sequencial

O transformador encontra-se na subestação de produção (15,75 kV). Ele reduz uma parte da potência da unidade para 11 kV para alimentar os auxiliares da estação e a outra parte é aumentada para 400 kV para evacuação através de linhas de transmissão EHV.

Caraterísticas de construção:

Construção integral do núcleo trifásico.

Número de fases do núcleo = 5; foram utilizados enrolamentos do tipo helicoidal para o primário e o terciário e do tipo disco concêntrico para o secundário. Foi utilizado arrefecimento forçado a ar. Velocidade do ar = 20 m/s. O projeto foi feito para um aumento da temperatura do óleo de 40° C.

Perda de radiação da superfície polida do tanque = 8 W/m / C^{2o}

Perda por convecção aumentada para: 28,5 W/m /^{2o} C por arrefecimento forçado do ar.

Material condutor escolhido: Cobre; Material do núcleo escolhido: CRGOS de alta qualidade

Foi utilizado um núcleo de 3 degraus para reduzir o custo de fabrico.

As variáveis-chave de conceção escolhidas: constante de fem, K; rácio altura/largura da janela, R_w ,

Densidade de corrente, δ e densidade máxima de fluxo, B_m

O custo mínimo é obtido para: K= 0,586; R= 3,11; δ = 2,5 A/mm^2 ; Bm= 1,58 Wb/m^2

A conceção visou uma dupla otimização - do ponto de vista do fabricante e do utilizador. Assim, a função objetivo foi considerada como uma soma ponderada do custo de produção e das perdas médias de funcionamento, sujeita às seguintes restrições e custos específicos:

Eficiência $\geq$ 99,7 %; rácio de perda de ferro/perda de cobre: $P_i / P_c \cong 0.5$

Corrente de curto-circuito $\leq$ 16 p.u., corrente sem carga $\leq$0,2%

Custo específico do cobre = Rs. 550/- por Kg

Custo específico do ferro fundido = Rs. 150/por kg

Custo específico da parede do tanque = Rs. 75/- por Kg; Custo específico do óleo = Rs. 45 /- por litro

(Foram utilizados materiais de alta qualidade).

Os pormenores de conceção da máquina optimizada são apresentados a seguir:

Classificação

Classificação MVA do primário/secundário/terciário: 235: 15: 220

Fator de potência nominal (considerado igual para o secundário e o terciário) = 0,9 em atraso

Tensão nominal da linha primária/secundária/terciária: 15,75/11/ 400 kV

Frequência nominal = 50 Hz

Ligação do primário/secundário/terciário: Estrela/ Estrela/Delta

Número de voltas nominais do primário/secundário/terciário: 32/22/1408

Corrente de plena carga no primário/secundário/terciário em ampères: 8614.4/787.3/183.3

Secção transversal do primário/ secundário/ terciário (mm2): 3445.8/ 314.92/ 73.33

Área líquida do núcleo de ferro = 0,80988 m^2 ; Fator de empilhamento = 0,95

Área bruta do núcleo = 0,88031 m^2

Diâmetro do círculo central= 0,0331 m; Área da janela= 1,835 m^2

Altura/largura da janela em m: 2,389/0,768

Distância entre os centros dos núcleos= 1,792m; Largura/altura da forquilha em m: 1,045/ 0,842

Comprimento total do núcleo = 4,891m; Altura total do núcleo = 4,073 m

Análise do desempenho

Perda de ferro = 196743 W; % de perda de ferro = 0,08372

Comprimento médio de viragem do primário/secundário em m: 4,111; 5,317; 4,594

Resistência do primário/secundário/terciário/fase em Ω :

8.401528E-04; 8.304798E-03; 1.940412

Perda de cobre = 398140 W; % de perda de cobre = 0,1694; % de perda total = 0,2531

Eficiência a plena carga com fator de potência 0,9 em atraso = 0,9972

A eficiência máxima de 0,99736 ocorre a uma % de carga de 70,3

A corrente de magnetização = 0,1738%; a corrente de perda do núcleo = 0,0837%

A corrente em vazio = 0,1929 %

A % de reactância de fuga entre o primário e o secundário= 4,3

A % de regulação da tensão à potência nominal e ao fator de potência. Entre primário e secundário= 2,618

A % de reactância de fuga entre o primário e o terciário = 3,123

A % de regulação da tensão à potência nominal e o fator de potência entre o primário e o terciário= 1,789

Dimensão da cuba: comprimento, largura, altura em m: 2,072 x 5,798 x 4,423

O número de tubos (elípticos 75 x 50 mm) necessários = 976

Número de radiadores= 8 (2 em cada canto em ângulo reto).

Número de tubos/radiadores= 122

Análise de custos

O peso do tanque = 8262,7 Kg; O custo do tanque = Rs. 619706 /-

O volume de óleo= 53152litros; o custo do óleo = Rs. 2391838 /-

Volume do ferro= 13,727m^3 ; Peso do ferro= 105010 Kg

Custo do ferro = Rs. 15751550 /-

Volume do cobre =2,8956m^3 ; Peso do cobre = 25770,53 Kg

Custo do cobre = Rs. 14173790 /-

Custo direto com 15 % de encargos de mão de obra= Rs. 37877420 /-

Custo de venda com 25 % de despesas gerais = Rs. 47346770 /-

O custo anual da energia perdida com base em 6 horas de carga total, 12 horas de carga a 75% e 6 horas de meia carga= Rs. 18977270 /-

O custo total para um período de 5 anos (função objetivo) = Rs. 142233100 /-

7. Conclusão

Na indústria da energia, os transformadores trifásicos do tipo núcleo são amplamente utilizados, funcionando principalmente como transformadores de potência que facilitam o ajuste dos níveis de tensão nos sistemas eléctricos. Também servem como transformadores de distribuição em subestações, sendo que muitos modelos apresentam um design de 3 enrolamentos. As despesas com transformadores representam uma parte significativa dos custos totais associados aos sistemas eléctricos, o que realça a necessidade de estratégias de conceção rentáveis. No entanto, as abordagens de projeto defendidas por M.G. say, Dymkov, ou Sawhney são consideradas inadequadas, uma vez que não fornecem soluções óptimas em termos de custos e podem conduzir a projectos inviáveis quando as variáveis de projeto são escolhidas sem restrições. Além disso, estes métodos não dispõem de um mecanismo de feedback para as variáveis de desempenho, o que significa que não há controlos contra um desempenho insatisfatório. Estudiosos como Sharpley et al. e Ramamoorty abordaram o tema da conceção assistida por computador e a sua otimização, tendo discutido vários métodos para alcançar a solução óptima na presença de restrições de conceção. Estes métodos, por exemplo, a técnica de pesquisa de gradientes, etc., são complexos. Além disso, é difícil escolher o ponto de partida e o comprimento do passo para os métodos de procura de gradientes e, em muitos casos, os mínimos globais não são atingidos. Para obviar a estas dificuldades, foi utilizado no primeiro caso o método de pesquisa exaustiva através de loops aninhados com decisões de desvios. Devido ao enorme aumento da velocidade do relógio, o tempo de execução do computador foi drasticamente reduzido. Assim, a aninhagem pode ser efectuada sem qualquer aumento apreciável do tempo de execução do computador. No segundo caso, foi utilizada a pesquisa sequencial de gradientes. O número de variáveis é elevado, pelo que a abordagem de aninhamento de ciclos é morosa.

Foi efectuado um estudo de caso para a otimização dos custos de transformadores de potência trifásicos de 3 enrolamentos utilizando condutores de cobre e núcleo CRGOS com os programas desenvolvidos para o efeito com muito sucesso.

8. Referências

[1] G. G. Gonzalez, A. Yerges, e G. Goedde, "Distribution transformer for the 21st century," I4th. International. Conferência sobre Distribuição de Eletricidade (CIRED), n.º 438, Vol.1, pp 1-25, 1997.

[2] W.G. Hurley, W.H. Wolfie e J.G. Breslin, "Optimized transformer design: Inclusive of high frequency effects", IEEE Transactions on Power Electron, Vol. 13, No. 4, pp 651-659,1998.

[3] G. W. Swift, "Corrente de excitação e caraterísticas de perda de potência para núcleos de transformadores de potência de junta mitrada", IEEE Trans. Magn., vol. MAG-11, No. 1, pp. 61-64, Jun. 1975.

[4] S. Charap e F. Judd, "Um modelo de perda de núcleo para transformadores laminados", IEEE Trans. Magn., vol. 10, No. 3, pp. 678-681, Sep. 1974.

[5] Z. Valkovic, "Influence of transformer core design on power losses," IEEE Trans. Magn., vol. MAG-18, No. 2, pp. 801-804, Mar. 1982.

[6] J.D. Lavers, V.Bolborici, "Loss comparison in the design of high frequency inductors and transformers", IEEE Transactions on Magnetics, Vol-35, No 5, pp-3541-3543, 1999.

[7] J.D. Lavers e V. Bolborici, Departamento de ECE, Universidade de Toronto, Canadá, "Loss comparison in the design of high frequency inductors and transformers", IEEE Transactions on Magnetics, Vol.15, No.5, setembro, 1999.

[8] P. S. Georgilakis, N. D. Hatziargyriou, A. D. Doulamis, N. D. Doulamis, S. D. Kollias, Proc. da 21st . 1999 IEEE International Conference on Power Industry Computer Applications, pp. 301-308, maio de 1999.

[9] C. Teoh, K. Soh, R. Zhou, D. Tien, V. Chan, "Active Noise Control of Transformer Noise", em Proc. Conferência Internacional sobre Gestão de Energia e Fornecimento de Energia, Vol. 2, pp. 747-753, março de 1998.

[10] S. Salon, B. LaMattina, K. Sivasubramaniam, "Comparison of assumptions in computation of short circuit forces in transformers," IEEE Transactions on Magnetics, Vol. 36, No. 5, pp. 3521-3523, 2000.

[11] S. Subramanian e S. Padma, "Optimization of transformer design using bacterial foraging algorithm", International Journal of Computer Applications, Vol.19, No.3, pp-52-57, 2011.

[12] B. Kumar Yadav et al, "Otimização do projeto do transformador de potência utilizando a técnica de recozimento simulado", International Journal of Electrical Engineering, ISSN 0974-2158 Vol. 4, No. 2, pp. 191-198, 2011.

[13] J. Smolker, A.Nowak, "Shape of coils and cooling ducts in dry type transformers using CFD and GA", IEEE Transactions on Magnetics, Vol-47, No-11, pp 1726-1731, Jan. 2011.

[14] M. Fouzai e T. Zouaghi, "Algoritmo de colónia de formigas aplicado à otimização de transformadores de potência", Conferência IEEE sobre Engenharia Eléctrica e Aplicações de Software, pp.1-5, 2013.

[15] A.A. Adly, K. Salwa e A.E. Hafiz, "A performance oriented power transformer design methodology using multi-objective evolutionary optimization", Journal of Advanced Research (In press), 2014.

[16] S.Mulder "Loss formulas for power ferrites and their use in transformer design", Philips, Eindhoven, 1994.

[17] S. B. Williams, P. A. Abetti, e E. F. Magnesson, "How digital computers aid transformer designer," in Gen. Elect. Rev. Schenectady, NY: maio de 1955, vol. 58, pp. 24-25.

[18] S.B. Williams, P.A. Abetti, E.F. Magnusson, "Application of digital computers to transformer design", AIEE Trans, Vol-75, pp. 728-35, 1956.

[19] O.W. Anderson, "Optimum design of electrical machines", IEEE Trans. (PAS), Vol-86, pp. 707-11, 1967.

[20] H. H. Wu e R. Adams, "Projeto de transformador utilizando computador de partilha de tempo", IEEE Trans. Magnetics, vol. MAG-6, No. 1, p. 67,1970.

[21] P. H. Odessey, "Transformer design by computer", IEEE Trans. Manuf.Technol., vol. MFT-3, No. 1, pp. 1-17, 1974.

[22] F.F. Judd, D.R. Kressler, "Design optimization of a small low frequency power transformer", IEEE Trans. on Magnetics, Vol. 13, No. 4, pp 1058-1069, 1977

[23] M. Poloujadoff, R.D. Findlay, "A procedure for illustrating the effect variations of parameters on optimal transformers design", IEEE Transactions on Power Systems, Vol.5, No. 2, pp. 202-205, 1986.

[24] W.T. Jewell, "Transformer design in the undergraduate power engineering laboratory" IEEE Transactions on Power Systems, Vol. 5, No. 2,pp 499-505, 1990

[25] A. Rubaai, "Computer aided instruction of power transformer design in the undergraduate power engineering class", IEEE Transaction on Power Systems, Vol. 9, No. 3, pp. 1174-1181, agosto de 1994.

[26] A. H. Yu e A. Basak, "Optimum design of transformer cores by analyzing flux and iron loss with the aid of a novel software," IEEE Trans.Magn., vol. 29, No. 2, pp. 1446-1449, Mar. 1993.

[27] A. Basak, C.-H. Yu, e G. Lloyd, "Efficient transformer design by computing core loss using a novel approach," IEEE Trans. Magn., vol. 30, No. 5, pp. 3725-3728, Sep. 1994.

[28] T. H. Pham, S. J. Salon, e S. R. H. Hoole, "Shape optimization of windings for minimum losses," IEEE Trans. Magn., vol. 32, No. 5, pp. 4287-4289,1996.

[29] M. Albach, T. Duerbaum, A. Brockmeyer, "Calculating core losses in transformers for arbitrary magnetizing currents a comparison of different approaches", Proc. 27th . Conferência Anual de Eletrónica de Potência Aplicada do IEEE, vol. 2, pp. 1463 - 1468, 1996.

[30] A.K. Sawhney, "A course in electrical machine design", DhanpatRai and Sons, 2003

[31] M.G. Say, "Performance and design of A.C. machines", Terceira Edição, CBS Publishers and Distributors, Delhi, ISBN-10: 8174090169, 1991

[32] M. Ramamoorty, "Computer-aided design of electrical equipment", Affiliated East-West Press Pvt. Ltd. ISBN: 81-85095-57-4,1987

[33] K. Deb, "Optimization for engineering design", PHI, ISBN 978-81-203-0943-2, 2010

[34] S.S. Rao, "Engineering optimization- theory and practice", New Age International; ISBN 978-81-224-2723-3,1996

[35] M. Melanie. "An introduction to genetic algorithms", Cambridge, MA: MIT Press.

[36] D. E. Goldberg, "Genetic algorithms in search, optimization and machine learning", Pearson Education, South Asia, Sixth Impression, ISBN 978-81-775-8829-3, 2011.

[37] E. Rich, K. Knight, "Artificial intelligence", TMH, ISBN 0-07-460081-8, 1992

[38] J. Kennedy, R. Eberhart, "Particle swarm optimization", Actas da Conferência Internacional do IEEE sobre Redes Neuronais, Piscataway, NJ. pp. 1942-1948, 1995.

[39] G.Y.Shi, "Algoritmo e convergência de uma programação geométrica geral", J. Dalian Institute Technol, Vol.20, pp19-25, 1981.

[40] V. Rashtchi, A. Bagheri, A. Shabani, S.Fazli, "A novel PSO-based technique for optimal design of protective current transformers, "Int J Comput Math Electric Electron Eng (Compel), Vol. 30, pp. 505-18, 2011.

[41] J. Du, Y.Feng, G.Wu, P.Li, Z. Mo "Optimal design for rectifier transformer using improved PSO algorithm", International conference on measuring technology and mechatronics automation (ICMTMA), Changsha, China, pp. 828-31. 2010.

[42] J.Du, P. Li, G.Wu, H.Bai, J.Shen" Improved PSO algorithm and its application in optimal design for rectifier transformer", International conference on intelligent computing and integrated systems (ICISS), Guilin, China,pp. 605-608, 2010.

[43] M.Firouzfar, P. Salah, S. S. KarimiMadahi, "Estimating the weight of main material for 63/20kV transformers with artificial neural network (ANN)", PEOCO, pp 358-362, 2010.

[44] G.Pavlos, S.Georgilakis, "A heuristic solution to the transformer manufacturing cost optimization problem", Journal of Material Process Technology, Vol.181, pp. 260-266, 2007.

[45] L.T. Bui, S. Alam, "Multi-objective optimization in computational intelligence: theory and practice", IGI Global, pp. 149-188, 2008.

[46] K.S. Rao, K. Hasan e M. Karsiti, "Optimal parameters of rectifier power transformer by intelligent techniques", Online Journal of Electrical and Electronics Engineering", Vol. 1, No. 1, pp. 15-19, 2009

[47] B. G. Leal, J. A.Jardini, L. C.Magrini e S.UnAhn, "Distribution transformer losses evaluation: A new analytical methodology and artificial neural network approach", IEEE Trans. Power. Sys. Vol.24, No.2, pp. 705-712, 2009

[48] T.K. Lu, C.T. Yeh ,M.D. Dirn, " Estimation model of transformer iron loss using neural network", Journal of Marine Science and Technology, Vol.18, No. 1, pp. 47-55, 2010

[49] Q.Hengsi, J.W. Kimball, G. K. Venayagamoorthy, "Particle swarm optimization of high frequency transformer", 36. Conferência anual da sociedade de eletrónica industrial do IEEE (IECON), Glendale, AZ, EUA, pp.2914-2919, 2010.

[50] G. Chiandussi, M. Codegone, S. Ferrero, F.E. Varesio, "Comparação de metodologias de otimização multiobjectivo para aplicações de engenharia", Computer Math Application, 63 pp. 912-942, 2012.

[51] K. S. Rama Rao, K. N. MdHasan e M. N. Karsiti, "Optimal parameters of rectifier power transformer by intelligent techniques", OJEEE, Vol. 1, No. 1, pp 15-19.

[52] K.Y. Lee e M.A. El-Sharkawi, "Modern heuristic optimization techniques with applications to power systems", IEEE Power Engineering Society, University of Washington e Pennsylania State University.

[53] C.Hernández, M.A. Arjona, "An intelligent assistant for designing distributiontransformers expert system application", Expert Systems with Applications: An International Journal,Vol.34, No. 3, pp. 1931-1937, 2008.

[54] Ed. G. teNyenhuis, R. S. Girgis e G. F. Mechler, "Other factors contributing to the core loss performance of power and distribution

transformers," IEEE Trans. Power Del., vol. 16, No. 4, pp. 648-653, Out. 2001.

[55] J. Zhang e X. Li, "Oil cooling for disk-type transformer windings-Part 1& 2: Theory and model development," IEEE Trans. PowerDel., vol. 21, No. 3, pp. 1318-1332, Jul. 2006.

[56] A. Hernandez, M. A. Arjona, e S.-H. Dong, "Object-oriented knowledge-based system for distribution transformer design," IEEE Trans. Magn., vol. 44, No. 10, pp. 2332-2337, Out. 2008.

[57] S. H. Thilagar, G. S. Rao, "Parameter Estimation of Three-Winding Transformer Using Genetic Algorithm", "Engineering applications of artificial intelligence", Vol. 15, No. 5, pp. 429-437, 2002.

[58] B. Saleh, A.A. Adly, T. Fawzi, A. Omar, S. El-Debeiky," Estimation and minimization techniques of eddy current losses in transformer windings", Actas da Conferência CIGRE, Paris, França, Vol.105, No. 12, pp. 1-6,2002.

[59] S.Mulder "Loss formulas for power ferrites and their use in transformer design", Philips, Eindhoven, 1994.

[60] W.Roshen, "Ferrite core loss for power magnetic components design", IEEE Transactions on Magnetics, vol.27, No. 6, 1991.

[61] J.A. Ferreira, "Improved analytical modeling of conductive losses in magnetic components", IEEE Transactions on Power Electronics, vol. 9, No. 1, 1994.

[62] J. H. Harlow, "Electric power transformer engineering", Boca Raton, FL: CRC, 2004.

[63] R. M. Del Vecchio, M.E. F. Feeney, P. T. Feghali, B.Poulin, D. M. Shah, R. Ahuja, "Transformer design principles: with applications to core-form power transformers", CRC Press.

[64] E.I. Amoiralis, M. A. Tsili, A. G. Kladas, "Transformer design and optimization: A literature survey", IEEE transactions on power delivery, Vol. 24, No. 4, outubro, 2009

[65] A. Rubaai, "Computer aided instruction of power transformer design in the undergraduate power engineering class", IEEE Transaction on Power Systems, Vol. 9, No. 3, pp. 1174-1181, agosto de 1994.

[66] J.C. Olivares-Galván "Selection of copper against aluminium windings for distribution transformers", IET Electrical Power Application, Vol. 4, pp. 474-485, 2010.

[67] M.Sippola e R. E. Sepponen, "Accurate prediction of high-frequency power-transformer losses and temperature rise", IEEE Transactions on Power Electronics, Vol. 17, No. 5,pp-715-721,2002.

[68] N.D. Doulamis, A.D. Doulamis, P.S. Georgilakis, S.D. Kolias e N.D. Hatziargyriou, "A synergetic neural network-genetic scheme for optimal transformer construction", Integrated Computer Aided Engineering, Vol. 9, pp. 37-56, 2002.

[69] J. Brownlee, "Clever algorithms, nature inspired programming recipes", 1ª Edição. Lulu. ISBN: 978-1-4467-8506-5, 2011.

[70] A. Dasgupta, "Design of transformers", TMH, New Delhi, 2002.

Printed by Books on Demand GmbH, Norderstedt / Germany